전자기학의 ABC

쉬운 회로에서부터 "장"의 사고방식까지

후쿠시마 하지메 지음
손영수 옮김

전파과학사

머리말

추리소설에는 두 가지 유형이 있다. 가장 전통적인 것은 독자에게 범인을 알려주지 않고서, 탐정과 함께 독자가 범인을 추리해 나가는 방법일 것이다. 이것에 대해서 처음부터 독자에게 범인을 알려주고, 그 범인을 탐정이 추궁해 나가는 방법도 있다. 이 경우는 어떻게 해서 범인의 알리바이를 무너뜨리느냐, 어떻게 해서 결정적인 증거를 찾아내느냐가 흥미의 대상이 된다. 이런 유형의 추리소설은 아기자기하고 화려한 맛은 없으나, 대신 깊은 속 맛이 있다.

물리학은 자연의 비밀을 탐구하는 것이므로 추리소설과 비슷한 데가 있다. 이 책은 추리소설의 후자의 수법을 채용했다. 우리가 추리할 대상은 전기장과 자기장이라고 하는 두 가지 "장"이다.

전기장과 자기장이 자연계에 존재한다는 것은 많은 사람이 나름대로 듣고 알고 있는 일이다. 그러나 그것이 정말로 어떤 것이며, 왜 그런 것을 과학자가 생각하게 되었느냐고 하는 점에 대해서는 모르는 일이 많다. 전자기의 여러 가지 현상을 살피면서, 이 전기장과 자기장을 철저히 추궁해 보려는 것이 이 책의 중심 테마이다.

한편, '전자기는 이해하기 힘들다'라고 하는 불만을 자주 듣는다. 그 원인의 하나로는 얼핏 보기에 전자기의 여러 가지 현상이 복잡하게만 보이고, 무엇이 기본이 되는 법칙인지를 알기 힘들다고 하는 데에 있다. 이 점을 명확하게 하는 것도 이 책의 큰 목표이다.

따라서 이 책을 씀에 있어서 유의한 점은 다음과 같은 점들이다.

(1) 전기와 자기의 현상을 정말로 이해할 수 있게 된 것은 20세기가 시작되던 무렵, 맥스웰의 전자기학이라고 불리는 것이 완성되고서부터이다. 이 책은 전자기학의 해설을 하려는 것이므로, 그때 가장 중요시한 것은 복잡하듯이 보이는 전자기 현상도 사실은 극히 소수의 법칙으로써 설명할 수 있다는 점이다.

(2) 역학이나 열역학과는 달라서 전자기학에서는 전기장과 자기장이라고 하는 "장"이 주인공이다. 이 장이란 무엇이냐고 하는 의문에 대답하려고 생각한다. 다만 '장이란 무엇이냐?'고 하는 문제 설정은 문제를 설정하는 방법으로서는 그다지 좋은 방법이라고는 생각되지 않는다. 차라리 '왜 장이라고 하는 것을 생각해야 할 필요가 있느냐?'고 하는 편이 답을 찾기 쉬울 것이다.

(3) 되도록 넓은 범위의 독자가 읽을 수 있게 쉬운 데서부터 천천히 설명해 나간다. 특히 처음에는 여러 가지 모델을 사용하여 구체적인 이미지를 파악할 수 있게 연구했다.

(4) 우리 주위에는 불가사의한 전자기 현상과 전기제품이 가득하다. 이론뿐만 아니라 이들의 예에 대해서도 되도록 많이 다루었다.

(5) 전자기학의 발달 가운데는 우리가 전자기를 이해하는 데 도움이 될 사고방식이 많이 있다. 그래서 과학자들의 탐구 방법과 사고방식을 가급적 살려 나가도록 힘썼다.

그러면 이제부터 전자기장의 본성을 탐구하는 여행으로 떠나자.

후쿠시마 하지메

차례

〈프롤로그〉 가장 간단한 라디오 이야기

소리만 듣는 것이라면……

가장 간단하고 값싸게 만들 수 있는 라디오는 어떤 것일까? 어린 시절에 손수 라디오를 만들어 보았던 사람도 있을지 모르지만, 우선 간단히 살펴보기로 하자.

이어폰과 다이오드—이 두 가지가 있으면 라디오는 들린다. 이어폰은 값이 싼 크리스털 이어폰이라고 불리는 것이 좋다. 현재는 어느 가정에도 여분의 것이 몇 개쯤은 뒹굴고 있을 것이다. 한편 다이오드는 주위에 없을지 몰라도 전기 부품 가게에 가면 싸게 손에 넣을 수 있다. 이 두 가지 부품에 안테나와 어스를 접속한다. 어스는 이를테면 수도꼭지에 도선을 연결하면 되지만, 안테나는 꽤 긴 도선이 필요하다. 가능하다면 10미터정도의 도선을 옥외에 수평으로 치는 것이 좋다.

방송국이 있는 도시 근처라면 이것만으로도 라디오를 들을 수가 있다. 다만 이 라디오는 가까이에 2개 이상의 방송국이 있으면 혼신(混信)을 일으킨다.

이 문제는 나중에 다시 생각하기로 하고, 이 라디오의 작용을 조사해 보자. 이 라디오는 전지, 전등선을 사용하지 않기 때문에 에너지원은 모두 방송국으로부터 오는 전파에 있다. 방송국의 전파는 〈그림 1〉의 (b)와 같이 미세하게 진동하고 있는데, 그대로 소리로 변환하더라도 진동이 너무 빨라서 인간의 귀에는 의미가 있는 음성으로서는 들리지 않는다.

AM 라디오의 전파에서는 이 진동의 진폭이 시시각각으로 변

8

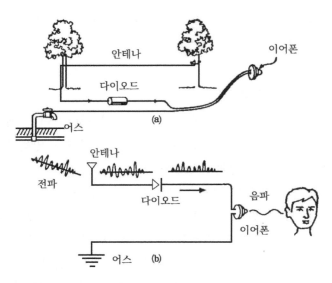

〈그림 1〉 다이오드와 이어폰만으로도 라디오는 들린다

화하고 있다. 실은 이 진동의 진폭의 크고 작은 속에 음성이
실려 있다. 안테나는 이 전파를 포착하여 전류로 바꾼다. 다이
오드는—이 전류로부터 음성의 성분을 끌어내는 작용을 한다.
다이오드라는 것은 전류를 한쪽 방향으로는 통과시켜도 반대
방향으로는 통과시키지 않는 성질을 갖고 있다. 즉 일방통행
도로와 같은 것이다. 이 때문에 다이오드를 통과한 전류는 절
반이 잘려 나가버린 것이 된다.

　이 전류의 진폭 변화를 소리의 진동으로 변환하는 것이 이어
폰이다. 이렇게 하여 미세한 전파의 진동이 아니라, 인간의 귀
에 들리는 느린 소리의 진동이 끌어내어진다.

방송국을 선택하는 방법은?

방송국이 하나뿐이라면 이 라디오로도 되지만, 현재와 같이 많은 방송국이 있으면 혼신을 일으키기 때문에 곤란하다.

그래서 다음에는 방송국을 선택하는 회로를 생각해 보기로 하자. 방송국을 선택하기 위해서는 동조회로(同調回路)라고 하는 것이 필요하다. 이 회로는 코일과 콘덴서 두 가지로 구성되어 있다. 코일이라는 것은 어릴 적에 만들었던 자석과 마찬가지로, 도선을 여러 번 감은 것이다. 전기 부품 가게에서 살 수 있고, 직접 도선[에나멜선, 포르말(Formal)선 등]을 감아서 만들어도 된다. 한편 콘덴서라는 것은 보통은 눈에 잘 띄지 않지만, 간단히 말해서 2장의 금속판을 접촉하지 않게 접근시켜서 마주 보게 한 것이다. 이것도 시중에서 팔고 있는데, 부엌에서 사용하는 알루미늄박을 사용하여 손수 만들어도 된다. 알루미늄박 2장을 마주 보게 하여 접촉하지 않도록 1장은 얇은 비닐 주머니에 넣고, 다른 1장은 주머니 위에 두어두면 된다.

동조회로라는 것은 이 코일과 콘덴서를 병렬로 접속한 것이다. 이 동조회로와 앞서 만든 다이오드와 이어폰의 회로를 조합하면 라디오가 완성된다.

〈그림 2〉의 (b) 콘덴서 기호가 ≠ 처럼 되어 있는 것은 폴리에틸렌 주머니 위의 알루미늄박을 움직여서, 알루미늄박이 마주 보는 면적을 변화시킬 수 있다는 것을 가리키고 있다. 이처럼 알루미늄박을 움직임으로써 원하는 방송국의 음성만을 끌어낼 수 있다.

이렇게 간단한 라디오라도 자기가 손수 만들어서 실제로 방송을 듣게 되면 정말 재미있다. 평소에 사용하고 있는 라디오

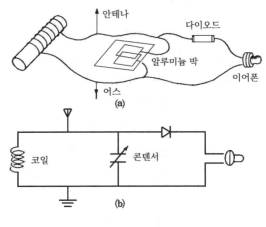

안테나

다이오드

알루미늄 박

이어폰

어스

(a)

코일

콘덴서

(b)

〈그림 2〉 가장 간단한 라디오

의 속을 들여다보면, 너무 복잡하여 어떻게 되어 있는 것인지 도무지 알 수 없을 것만 같지만, AM 라디오에 관한 한, 원리 적으로는 이 자작 라디오와 같은 것이다(주된 차이는 음성을 크게 하기 위해서 증폭 회로라는 것이 들어 있는 점이다).

그런데 라디오를 만드는 가운데서 안테나는 어떻게 하여 전 파로부터 전류를 얻는 것일까, 코일이나 콘덴서는 어떤 작용을 하는 것일까 등등 여러 가지 의문을 품는 독자가 많을 것으로 생각된다.

그래서 우선 제일 간단한 직류회로로 되돌아가서 전자기의 작용을 살펴보기로 하자.

1장 회로와 친숙해지자
—물의 흐름과 전기의 흐름

1. 아이들로부터 배운다

전류는 충돌한다?

회로에 대한 아이들의 사고방식은 무척 흥미롭다. 우선 아이들의 의견을 들어보자.

파일럿램프, 전지, 한 가닥의 도선을 아이에게 주고서 '전구를 켜보렴'하고 말하면, 〈그림 1-1〉과 같이 참으로 여러 가지 방법으로 접속하는 것을 볼 수 있다. (1)의 접속으로는 물론 파일럿램프가 켜지지 않는다. (2)는 매우 우스꽝스러운 방법이기는 하지만 그래도 전지, 파일럿램프, 도선이 접속되어 있다. (3)에서는 전지가 쇼트 되어 있다. (4)가 올바른 방법이다.

(1)과 같이 접속한 아이에게 그 이유를 물어보면

'전지로부터 전기가 파일럿램프로 흘러간다'

고 대답한다. 이 아이는 한쪽 극만으로 전구가 켜지는 것으로 생각하고 있다. (2)의 접속 방법도 이 사고방식과 비슷하다. (3)의 접속 방법에서는 전지가 금방 없어져 버리기 때문에 매우 곤란하긴 하지만, 양극과 음극을 연결해야 한다는 것을 알고 있다는 점에서는 (1), (2)보다 나을지 모른다.

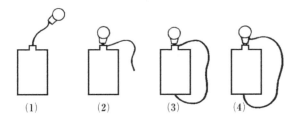

〈그림 1-1〉 아이들이 파일럿램프를 접속하는 방법

그런데 (4)와 같이 올바른 접속 방법을 한 아이는 정말로 전류를 이해하고 있는가 하면, 실은 반드시 그런 것도 아니다. 이 아이들에게 '왜 파일럿램프가 켜지지?'하고 물어보면, 이를테면

'전지의 양쪽 극으로부터 전지가 흘러와서 파일럿램프가 있는 데서 충돌한다'

는 대답이 돌아온다. 이 아이는 전류가 충돌하여 전구가 켜지는 것으로 생각하고 있다. 물론

'전지의 한쪽 극으로부터 전지가 흘러와서 파일럿램프를 통과하여 다른 한쪽 극까지 흘러가는 것이다'

하고 대답하는 아이도 있다. 이렇게 대답한 아이는 어김없이 전류에 대해서 완전히 알고 있는 것으로 생각하고 싶지만, 사실은 그렇다고만 단언할 수는 없다.

전류는 소비된다

아이들의 생각을 좀 더 깊이 알기 위해서 다음과 같은 문제를 내어보자. 이번에는 회로 속에 〈그림 1-2〉와 같이 두 개의 전기 저항을 넣어 본다. 문제는

'이 회로에서 저항 R_1을 증가시켰을 때 파일럿램프의 밝기는 어떻게 되는가, 또 R_2를 증가시켰을 때 파일럿램프의 밝기는 어떻게 되는가?'

라고 하는 것이다.

이번에는 좀 더 큰 아이들에게 물어보자. 그러면 다음과 같은 대답이 돌아오는 일이 많다.

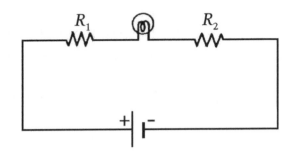

〈그림 1-2〉 저항 R_2를 증가했을 때 파일럿램프의 밝기는 어떨까?

'저항 R_1을 증가시키면 전구는 어두워진다'
'저항 R_2를 증가시켰을 때는 어떻게 되지?'
'그때는 전구의 밝기는 변화하지 않는다'

이것은 뜻밖의 답이다. 그래서

'왜?'

하고 물어보면,

'양극으로부터 온 전류가 R_1을 통과할 때는 감소하지만, R_2는 전구 뒤에 있으니까 관계가 없다'

는 대답이 돌아온다. 이런 아이들은 '전류는 양극에서부터 음극으로 흘러가는 동안에 저항이나 파일럿램프를 통과할 때마다 분배되어 없어져 버린다'고 생각하고 있다는 것을 알 수 있다.
또 이 답과는 반대로

'R_2를 증가시키면 전구가 어두워지지만, R_1을 증가시켜도 어두

워지지 않는다.'

고 대답하는 아이도 있다. 이유를 물어보면

'전자는 음극으로부터 양극으로 흘러가기 때문에 R_2의 곳에서 감
소해 버린다.'

고 말한다. 이 아이는 전류가 전자의 흐름이라는 것을 알고 있
는데도, 전자는 회로의 도중에 감소하여 버리는 것으로 생각하
고 있다.

물로 R_1을 증가시켰을 때나 R_2를 증가시켰을 때도 파일럿램
프는 어두워진다고 하는 것이 정답이다. 아이들의 답이 틀리는
원인은 전류는 회로의 도중에서는 절대 감소하지 않고, 그 대
신 전류의 에너지가 소비되고 있다는 사실이 잘 이해되지 않는
데에 있다. 그러나 이런 정도가 되면 우리도 아이들의 일을 웃
고 넘길 수 없을지 모른다. 회로에 관한 우리의 이해는 정말로
확고한 것일까? 다음에는 이 문제를 생각해 보기로 하자.

2. 물의 흐름과 회로의 이미지

'전압은 흐르는' 것인가?

유원지에 가면 제트 코스터와 비슷한 것으로 물 위를 미끄러
져 가는 것이 있다. 제트 코스터보다 여유가 있어서 좀 색다른
맛이 난다. 또 수영장에 가면 물을 사용한 미끄럼틀이 있다. 이
미끄럼틀에는 수십 미터가 되는 것, 나선 모양으로 되어 있는
것도 있어 아이들뿐 아니라 어른들도 열중하게 된다. 이 같은

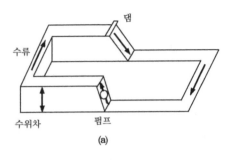

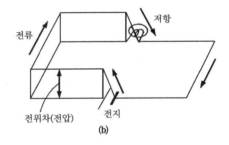

〈그림 1-3〉 (a)직류 회로의 수류 모형
(b)전위차는 수위 차에 대응함

장치에서는 물은 펌프로 높은 곳으로 퍼 올려져서 낮은 곳으로
흐르고 다시 펌프로 퍼 올려진다. 이 물의 순환이 회로를 순환
하는 전류와 흡사하다.

　전기 회로에서는 전류, 저항, 전압 그리고 에너지 등의 용어
가 자주 사용된다. 우리도 평소에 무심히 이런 말들을 사용하
고 있다. 그러나 이들의 양을 올바로 이해하기란 그리 쉬운 일
이 아니다. 회로를 잘 알 수 없는 첫 번째 원인은 이들 양의
이미지가 잘 파악되지 않는 데 있는 경우가 많다. 그래서 여기
서는 수류(水流)의 이미지를 이용하여 회로의 상태를 생각해 보

〈표 1〉

전지	펌프
전압(전위차)	수위차
전류	수류
저항	댐

기로 하자. 물과 전기의 성질은 물론 똑같은 것은 아니지만, 여기서는 회로의 이미지를 파악하기 위해서 우선 물의 도움을 빌려 고찰하고, 그 뒤에 물과 전기의 차이를 생각해 보기로 한다.

우선 전지 1개와 파일럿램프 1개로 구성되는 가장 간단한 회로에 대응하는 물의 회로를 생각해 본다. 〈그림 1-3〉의 (a)가 그것이다.

전지에 대응하는 것은 낮은 데서부터 높은 데로 물을 퍼 올리는 펌프이다. 또 전구(저항)에 대응하는 것은 댐이다. 전류에 대응하는 것은 물론 수류이다. 전류는 순환하고 있고 결코 도중에서 감소하지 않는다. 그런데 전압에 대응하는 것은 무엇일까? 이 전압이라는 것이 매우 수상한 놈이다. 때때로 '전압이 흐른다'고 하는 표현을 듣는 적이 있지만, 전류와 전압은 전혀 별개의 개념으로서 전압이 흐르는 일은 없다. 전압을 가리켜 전위차(電位差)라고도 부르는 데 이 전위차에 대응하는 것이 수위차(水位差)이다. 강한 펌프가 큰 수위차를 만들어 내는 것과 마찬가지로 강한 전지는 큰 전위차=전압을 만들어 낸다.

이상의 대응을 정리하면 〈표 1〉과 같다.

이 수류의 이미지를 바탕으로 하여 회로의 상태를 나타내면 〈그림 1-3〉의 (b)가 된다. 전위의 높낮음을 나타내고 있는 것이 이 그림의 특징이다. 수면의 높낮음과 전위의 높낮음이 딱 대응하고 있는 점에 주목하기 바란다.

옴의 법칙—전류, 전압, 저항의 관계

회로를 조사할 때 빠뜨릴 수 없는 옴의 법칙을 공식으로 하면 다음과 같이 나타내어진다.

$$전류 = \frac{전압}{저항} \qquad I = \frac{V}{R} \cdots\cdots(1)$$

다만 I는 전류, R은 전기 저항, V는 저항 양단의 전위차(이른바 저항에 걸리는 전압)이다. 전류의 단위는 암페어(A), 저항의 단위는 옴(Ω), 전압의 단위는 볼트(V)라는 것은 알고 있을 것이다. 이 법칙은 무척 단순하게 보이지만 그 속에는 몇 가지 중요한 의미가 포함되어 있다.

먼저 이 법칙은 저항을 흐르는 전류가 그 양단의 전압에 비례한다는 것, 즉 같은 저항이라면 높은 전압을 걸수록 큰 전류가 흐른다는 것을 나타내고 있다.

다음으로 이 법칙은 같은 전압을 걸었을 때는 전류가 저항에 반비례한다는 것, 즉 저항이 클수록 흐르는 전류가 작아진다는 것을 나타내고 있다.

옴의 법칙은 대부분 금속의 저항에 대해서 잘 성립되는 것으로서, 회로를 조사하거나 조립하거나 할 때 아주 쓸모 있는 법칙이다.

금속 중에서 가장 저항이 적은 것은 은으로서, 굵기 1제곱밀리미터, 길이 1미터의 은선의 저항은 불과 0.0162옴이다. 따라서 은을 송전선으로 사용하면 송전효율이 제일 낫지만, 은은 값이 비싸기 때문에 구리(같은 사이즈의 동선에서 0.0172Ω)가 이

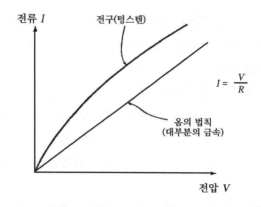

〈그림 1-4〉 옴의 법칙과 그것을 따르지 않는 저항

용된다. 또 난로 등에 사용되는 니크롬선에서는 훨씬 저항이
커서 같은 사이즈에서 약 1옴이 된다.

  또 전구에 사용되는 텅스텐 등에서는 전류가 증가하여 발열
량이 증가하고 온도가 올라가면 저항이 증가한다. 이 때문에
전압과 전류가 비례한다고 하는 옴의 법칙에서부터 벗어나 버
린다(그림 1-4). 그러나 각각의 온도일 때의 저항은 전압을 전
류로 나눈 것으로서 정의되기 때문에

전압=전류×(그 온도일 때의) 저항

이라는 식을 사용할 수 있다.

편리한 테스터를 사용하자

테스터는 전류, 전압, 저항을 간단히 측정할 수 있는 편

리한 장치이다. 물리 실험실 등에는 반드시 있는 것이지만 가정에는 그다지 없는 듯하다. 그러나 테스터가 있으면 전기 기구의 웬만한 고장 등을 간단히 발견할 수 있다. 이를테면 전구가 켜지지 않게 되었을 때, 전구가 끊어졌는지 아니면 소켓의 상태가 나쁜지, 전구의 저항을 측정해 보면 금방 알 수 있다. 최근의 테스터에는 배터리의 점검 기능도 갖추어 있어서 전지가 못쓰게 되었는지 어떤지도 알 수 있다.

전기를 이해하기 힘든 이유 중에는 전류, 전압, 저항 등 눈에 보이지 않는 데 그 원인의 하나가 있다. '백문이 불여일견'이라는 속담처럼 테스터 측정으로 이것들을 실제로 관측한다는 것은 전기를 이해하는 가장 지름길이다. 가정에도 한 대씩 꼭 갖추어 두도록 하자.

3. 전력이란 무엇인가?

500W와 1,000W. 어느 쪽 저항이 큰가?

전류, 전압, 저항의 관계를 이해했으므로 여기서 전구의 밝기, 난로의 온도를 결정하는 전력의 양에 대해서 생각해 보자.

먼저 문제를 하나.

【문제】 500W와 1,000W의 전기난로에서는 어느 쪽 저항이 큰가?
　　→ '당연히 저항이 클수록 발열량이 많을 것이다'

이런 대답이 예상된다. 그러나 잠깐! 순서를 쫓아 잘 생각해 보자. 난로의 발열량은 거기서 소비되는 전기 에너지로서 결정된다. 1초당 소비되는 전기 에너지를 소비 전력이라고 하는데, 이 소비 전력은 무엇으로 결정되는 것일까?

'전류가 클수록 난로가 더워질 것이다'
'높은 전압을 걸어 준 쪽이 더울 것이다'

이 두 의견은 각각 절반씩 진리를 포함하고 있다. 소비 전력은 전압이 높을수록 또 전류가 클수록 커진다. 공식으로 나타내면

소비 전력=전압×전류
$$P = V \times I$$

P는 소비 전력 power를 말하고 그 단위는 와트(W)이다. 이 공식은 수류 모형에서는 댐($\updownarrow$ 저항)에 발전소를 만들었을 때, 그 발전 능력이 수위차($\updownarrow$ 전압)가 크고, 수류($\updownarrow$ 전류)가 많을수록 크다는 것을 생각하면 이해하기 쉽다.

난로의 문제에서는 2개의 난로 양단의 전압은 100V로 공통이기 때문에 소비 전력은 전류가 클수록, 즉 저항이 작을수록 커지고 발열량도 크다는 것이 된다.

다음에는 각각의 난로의 저항을 구해 보자. 500W의 난로에서는, 흐르는 전류는 소비 전력의 식으로부터

$$P = VI \rightarrow I = \frac{P}{V} = \frac{500\,W}{100\,V} = 5A$$

저항의 값은 전압을 전류로 나누어서

$$R = \frac{V}{I} = \frac{100\,V}{5\,A} = 20\,\Omega$$

또 1,000W의 난로에서는

$$P = VI \rightarrow I = \frac{P}{V} = \frac{1000\,W}{100\,V} = 10\,A$$

$$R = \frac{V}{I} = \frac{100\,V}{10\,A} = 10\,\Omega$$

확실히 1,000W인 난로 쪽이 저항이 작다. 저항이 작아도 되는 것이라면, 발열량이 큰 난로 쪽이 왜 값이 비쌀까 하는 소박한 의문이 들게 된다. 물론 가정 전기 메이커가 속임수를 쓰고 있는 것은 아니다. 발열량이 큰 난로일수록 안전성을 높이기 위해서 각 부품의 내열성 등을 강화할 필요가 있기 때문에 당연히 비용이 높아지기 때문이다.

전기난로의 이야기를 할 때 필자는 늘 소년 시절의 장난을 회상한다. 옛날의 전기난로는 니크롬선이 그대로 드러나 있었다. 그 니크롬선의 일부를 알루미늄박으로 짧게 연결하는 것이다. 그렇게 하면 저항이 줄기 때문에, 500W의 전기난로라도 그 이상의 발열량이 얻어진다. 그러나 이런 장난은 결코 권할 일이 못 된다. 난로의 안전성 한계를 넘어선 전류가 흐르기 때문에 사고의 위험이 있다.

낡은 코드 등에서 2가닥의 도선이 접촉하여 이른바 쇼트를 일으켰을 경우도 회로의 저항이 극단으로 감소한 예이다. 이렇게 되면 온 집안의 배선에 큰 전류가 흐르고, 대량의 열을 발생하여 화재가 일어날 위험이 있다. 그래서 열에 녹기 쉬운 퓨즈가 끊어져서 전류를 멎게 한다. 그 퓨즈의 교환이 귀찮다고

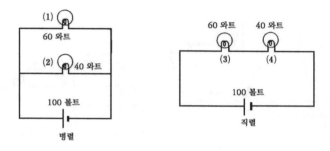

〈그림 1-5〉 전구의 밝기의 순서는?

해서 현재는 브레이커의 스위치가 끊어지게 되어 있다.

어느 쪽이 밝은가?

회로를 생각할 때는 병렬(並列)과 직렬(直列)이라고 하는 문제에 반드시 부닥치게 된다. 이를테면 〈그림 1-5〉의 4개의 전구의 밝기는 어떤 순서로 될까? 제일 밝은 것은? 그 다음은? 그리고 가장 어두운 것은 어느 것일까?

한꺼번에 생각하려면 혼란스럽다. 먼저 병렬 쪽부터 생각하기로 하자. 60W와 40W의 전구에서는 60W의 전구 쪽이 저항이 작다. 병렬인 경우는 어느 쪽의 전구에도 같은 전압이 걸리기 때문에, 저항이 작은 60W인 전구 (1)쪽에 큰 전류가 흘러서 밝게 빛나는 것이 된다.

다음에는 각각의 전구에 흐르는 전류를 구해 보자. P=VI의 식으로부터 전구 (1)을 흐르는 전류

$$I = \frac{P}{V} = \frac{60\,W}{100\,V} = 0.6A$$

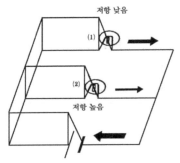

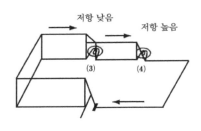

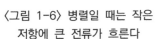

〈그림 1-6〉 병렬일 때는 작은
저항에 큰 전류가 흐른다

〈그림 1-7〉 직렬일 때는 큰 저항
쪽에 큰 전압이 걸린다

전구 ⑵를 흐르는 전류

$$I = \frac{P}{V} = \frac{40\,W}{100\,V} = 0.4A$$

가 된다. 확실히 60W인 전구 쪽을 많은 전류가 흐르고 있다.
병렬인 경우에 중요한 점은 전압이 각 전구에 공통이 된다는
것으로서, 그 때문에 저항이 작은 쪽에 반드시 큰 전류가 흐른
다(그림 1-6).

다음에는 직렬인 경우를 생각해 보자. 이번에는 2개의 전구
를 흐르는 전류가 공통인 점에 주목하자. 전류는 수류와 마찬
가지로, 회로에 분로(分路)가 없으면 어디까지나 같은 크기이다.
그렇다면 같은 전류가 흘렀을 때 저항이 큰 쪽과 작은 쪽에서
는 어느 쪽이 밝아질까?(그림 1-7)

'이번에는 저항이 큰 쪽이 밝을 것이다'

확실히 그렇다. 전압=저항×전류의 식을 생각하면 전류는 공

통이기 때문에 저항이 큰 전구에 걸리는 전압 쪽이 크고, 소비전력=전압×전류가 커진다. 이리하여 병렬과는 반대로 저항이 큰 40W의 전구 쪽이 밝다는 것을 안다.

마지막으로 병렬인 40W 전구 (2)와 직렬인 40W 전구 (4)를 비교해 보자. 직렬인 40W 전구 (4)쪽은 60W의 전구가 있는 몫만큼 걸리는 전압이 작고 당연히 전류도 작기 때문에 어두워진다. 따라서 4개의 전구의 밝기는 (1)>(2)>(4)>(3)의 순서로 되는 것이 밝혀졌다.

4. 복잡한 회로를 푸는 비방

2개의 회로를 통합한다

직류 회로에서 크게 쓸모가 있는 병렬과 직렬의 사고방식도 회로가 복잡해지면 좀처럼 사용하기 힘들게 된다. 그럴 때 도움이 되는 것이 키르히호프의 법칙이다. 이 법칙을 설명하기 전에 간단한 문제를 생각해 보자.

〈그림 1-8〉의 (a)와 같이 전지에 파일럿램프를 연결한 2개의 똑같은 회로가 있다. 이것을 〈그림 1-8〉의 (b)처럼 바꿔 연결하면 2개의 전구의 밝기는 어떻게 변할까? 생각할 수 있는 답은

(1) 파일럿램프는 둘 다 (a)인 때와 마찬가지로 켜진다. 왜냐하면 전류는 A에서 합류하여 B쪽으로 흐르기 때문에

(2) 파일럿램프는 둘 다 켜지지 않는다. 왜냐하면 전류는 A에서 충돌하여 멎어 버리기 때문에

(3) 파일럿램프는 둘 다 (a)인 때보다 어두워진다. 왜냐하면 전류는

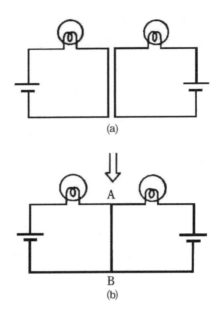

(a)

A

B

(b)

〈그림 1-8〉 2개의 회로를 결합하면 전구의 밝기는 어떨까?

A에서 합류하여 B로 가지만, 그 양은 회로가 따로따로인 때보다 적어지기 때문에

저마다가 그럴듯한 이치이긴 하지만 AB간의 저항이 제로인 것에 주의하면 (1)이 정답이라는 것을 알 수 있다. AB간에는 얼마든지 전류가 흐를 수 있기 때문에 따로따로일 때의 2배의 전류가 흐르는 것이 된다.

이런 문제쯤이라면 아직은 직관적으로 풀 수 있어 키르히호프의 법칙이 필요하지 않다. 그러나 좀 더 회로가 복잡해지면 직관으로는 풀기 힘들어진다.

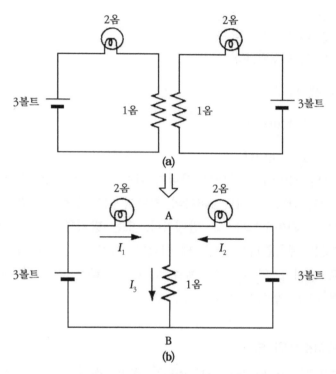

〈그림 1-9〉 전구의 밝기는 어떻게 변할까?

저항이 증가하면 어떻게 변할까?

키르히호프의 법칙이 필요하게 되는 것은 〈그림 1-9〉와 같이 회로에 저항을 1개 증가한 경우이다.

이 두 회로를 전과 같이 그림의 (b)처럼 바꿔 접속했을 때 2개의 전구의 밝기는 어떻게 될까? (간단히 하기 위해서 전구의 저항은 온도가 바뀌어도 변화하지 않는 것으로 한다) 생각할 수 있는 답은

⑴ 둘 다 변화하지 않는다.

⑵ 둘 다 켜지지 않는다.

⑶ 둘 다 어두워진다.

위의 셋 외에

⑷ 둘 다 밝아진다.

는 답도 있을 것이다.

　AB간의 저항이 무한대가 아니기 때문에 ⑵는 있을 수 없다는 짐작이 간다. 그러나 AB간의 저항이 파일럿램프를 밝게 하는 쪽으로 기여하느냐, 그 반대이냐, 또는 밝기를 바꾸지 않느냐는 것을 예측한다는 것은 꽤 어렵다. 물론 불가능한 일은 아니므로 흥미가 있는 분은 예측해 보아도 좋겠지만, 여기서는 키르히호프의 법칙을 사용하기로 한다.

키르히호프의 법칙

　키르히호프의 법칙은 분로(分路)가 많고, 전지나 저항이 여러개 포함된 복잡한 회로를 모조리 해명할 수 있는 만능의 법칙이다. 이렇게 되면 왜인지 무척 난해한 법칙을 상상하기 쉽지만, 실제는 매우 간단한 것으로서 다음의 두 가지 법칙으로써 성립되어 있다.

　　제1법칙은

　　'회로의 분로점에서는 흘러드는 전류의 합과 흘러나가는 전
　　류의 합이 같다'

라고 하는 것으로서, 수류 모형으로 되돌아가면 강물의 합류나

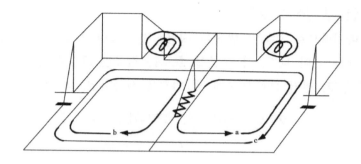

〈그림 1-10〉 회로를 어떻게 더듬어 가더라도 한 바퀴로서 전위는
원래대로 되돌아간다

분로와 똑같은 것이다.

　제2법칙은 전위에 관한 것으로서
　'복잡한 회로 중의 어느 회로를 한 바퀴 더듬어 가도 전위
　는 원래대로 되돌아온다'

고 하는 것이다. 이 제2법칙은 다소 이미지를 파악하기 힘들지
모른다. 〈그림 1-10〉을 보자.

　회로라고 하는 것은 이 그림에서는 회로 a, b, c의 셋이다.
그림에는 전위의 상태가 적혀 있다. 제2법칙이 주장하고 있는
것은 수류 모형에서 물이 순환하고 있을 때, 어디로 한 바퀴를
돌아가든 수위가 원래대로 되돌아가는 것과 마찬가지로 한 바
퀴를 돎으로써 전위가 원래대로 되돌아간다는 것을 말한다.

　회로 도중에 있는 것이 전지와 저항뿐이라면, 제2법칙은 다
음과 같이 고쳐서 말할 수가 있다.

　'회로(폐회로)를 일순할 때, 전지에 의한 전위의 상승 합과 저
　항에 의한 전위의 하강 합은 항상 같다.'

연립방정식을 풀면

마지막으로 이 두 법칙을 사용하여 〈그림 1-9〉의 (b) 회로 문제를 풀어 보자. 각 부분을 흐르는 전류를 그림과 같이 약속 해 두고, 먼저 분로점 A에 제1법칙을 사용하면,

흘러드는 전류의 합=흘러나가는 전류의 합

$$I_1 + I_2 = I_3$$

다음에는 제2법칙을 폐회로 a와 b에 적용하면,

저항에 의한 전압 강하의 합=전지에 의한 전압 상승의 합

이므로 a회로에서는

$$2\Omega \times I_1 + 1\Omega \times I_3 = 3V$$

b회로에서는

$$2\Omega \times I_2 + 1\Omega \times I_3 = 3V$$

가 된다. 여기서 저항에 의한 전압 강하의 계산에 옴의 법칙 V=RI가 사용되고 있다.

이상의 세 식에는 미지수가 셋(I_1, I_2, I_3) 있다. 이것은 중학교 에서 배우는 연립방정식인데, 미지수와 식의 수가 같으므로 간 단히 풀 수 있다. 답을 쓰면

$$I_1 = \frac{3}{4}A = 0.75A$$

$$I_2 = \frac{3}{4}A = 0.75A$$

$$I_3 = \frac{6}{4}\,A = 1.5A$$

가 된다.

이 결과를 회로가 따로따로였던 〈그림 1-9〉의 ⓐ와 비교해보자. 따로따로인 경우는 회로를 흐르는 전류는 옴의 법칙을 사용하여

$$I = \frac{3}{2+1}A = 1A$$

이다. 이렇게 하여 회로를 하나로 만듦으로써 파일럿램프를 흐르는 전류가 1암페어에서부터 0.75암페어로 줄어드는 것을 안다. 당연히 파일럿램프에 걸리는 전압도 작아지고, 전구는 어두워지는 것을 알았다.

키르히호프의 법칙을 사용하는 방법은 전지의 전압이나 파일럿램프의 저항이 좌우에서 다르게 되어 있는 경우에도 적용할 수 있다는 것을 알 수 있다. 또 회로가 아무리 복잡해지더라도 방정식의 수가 늘어날 뿐, 어느 부분을 흐르는 전류든지 모조리 구할 수가 있다. 전류가 얻어지면 옴의 법칙에 의해서 어떤 저항의 양단 전압도 구할 수가 있기 때문에, 키르히호프의 법칙은 모든 회로를 해석할 수 있는 만능 법칙이다.

5. 전류와 에너지의 흐름

원자를 만드는 것

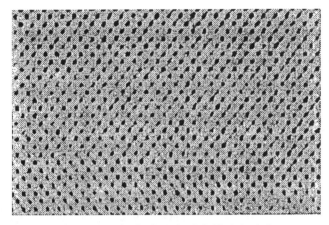

〈그림 1-11〉은 원자의 전자 현미경 사진

전류를 수류와 같은 것으로 생각하면 회로 속에서 일어나고 있는 일을 이해하기 쉽다. 그러나 도선을 실제로 흐르고 있는 것은 물론 물이 아니다. 여기서 전류의 운반꾼에 대해서 확실한 이미지를 파악해 두기로 하자. 그러기 위해서는 원자에 대해 복습을 할 필요가 있다.

자연계를 구성하고 있는 것이 무엇이냐고 하는 고대 그리스 시대로부터의 물음은 20세기 초의 원자론(原子論) 확립에 의해서 겨우 올바른 해답을 발견했다. 모든 물질은 원자로 이루어져 있다. 현재는 전자 현미경을 사용하여 원자 하나하나를 관측할 수 있게 되었다.

원자는 그보다 더 작게도 분할할 수 있다. 원자는 그 중심에 있는 작은 원자핵과 그 주위를 돌고 있는 전자로 이루어져 있다. 원자핵은 매우 작지만, 원자 질량의 대부분이 거기에 집중해 있다. 전자는 매우 가볍고, 제일 가벼운 수소 원자핵의 약

2,000분의 1의 질량밖에 갖고 있지 않다. 전자기의 세계에서 전자가 활약하는 것은 이렇게 몸이 가볍다는 것에 기인하는 바가 크다.

한편 원자핵은 다시 양성자(陽性子)와 중성자(中性子)라고 하는 두 종류의 입자로 구성되어 있다.

각 입자의 질량은

양성자 1.673×10^{-27} kg

중성자 1.675×10^{-27} kg

전자 1.11×10^{-31} kg

이다. 이들 입자 사이에는 아주 작지만, 만유인력이 작용한다.

한편, 이들 입자 사이에는 또 하나의 다른 힘이 작용한다. 전자와 양성자는 서로 끌어당기고 전자끼리, 양성자끼리는 서로 반발한다. 이 힘은 만유인력과는 전혀 다른 힘으로서(만유인력에는 반발력이 없다) 그 크기도 엄청나게 크다. 이 힘이 전기력(電氣力)이다. 태양 주위를 지구가 돌아가는 것은 만유인력에 의하지만, 원자핵 주위를 전자가 돌아가는 것은 전기력에 의한다.

이 전기력을 설명하기 위해서 입자에 주어진 양이 전기량(電氣量, 전하라고도 한다)이다. 전자는 음의 전기량을 가지며 양성자는 양의 전기량을 갖는다. 중성자와 그 밖의 입자와의 사이에는 전기력이 전혀 작용하지 않기 때문에 중성자는 전기량이 제로인 입자이다. 각 입자의 전기량은

전자: -1.60×10^{-19} 쿨롱

양성자: $+1.60 \times 10^{-19}$ 쿨롱

중성자: 제로

이다. 쿨롱(기호 C)이라는 것은 전기량의 단위로서 1암페어의
전류에서 1초간에 운반되는 전기량이 1쿨롱이다. 전자와 양성
자의 전기량은 부호가 반대이지만 크기는 같다는 점에 주목하
기 바란다.

전하는 보존된다

전하(전기량)에 대해서는 얼핏 보기에는 상식적인 일이지만
중요한 법칙이 있다.

'외부의 전하 이동이 없는 한, 물체의 전하 총량은 보존된다'

고 하는 전하보존법칙이다. 이것은 양성자나 전자가 사라져 버
리거나, 갑자기 나타나거나 하는 일이 없는 한, 당연하다면 당
연한 일이다. 그런데 자연계에는 양성자와 전자가 충돌하여, 양
쪽 입자가 소멸하고 중성자로 바뀌어 버리는 것과 같은 소립자
(素粒子)의 반응도 있다. 그러나 이 경우에도 충돌 전과 후의 전
하의 총량은 어느 쪽도 제로이고 전하는 보존되어 있다. 이 전
하보존법칙은 에너지보존법칙 등과 더불어 현대 물리학의 밑바
탕에 있는 중요한 법칙의 하나이다.

자유 전자는 천천히 흐른다

보통 상태에서는 물질은 전기적인 성질을 나타내지 않는다.
그것은 각각의 원자의 원자핵 속에 있는 양성자의 수와 주위의
전자의 수가 같기 때문이다. 이를테면 구리의 원자에서는 양성
자와 전자의 수는 양쪽 모두 29개이다.

유리나 도자기와 같은 절연체 속에서는 원자핵 주위의 전자

는 각각의 원자핵으로부터 멀리 떨어져 나가는 일이 없다(〈그림

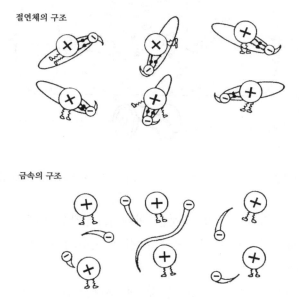

절연체의 구조

금속의 구조

〈그림 1-12〉 절연체에서는 전자가 원자핵 주위를 돌고
있으나, 금속에서는 자유로이 돌아다닌다

1-12〉 위).

 그런데 구리나 철과 같은 금속 속에서는 원자핵의 바깥쪽을
돌고 있는 전자가 자신의 원자핵을 이탈하여 흔들흔들 움직이
고 있다(〈그림 1-12〉 아래). 이와 같은 전자를 자유전자(自由電子)
라고 한다. 또 전자를 상실한 원자는 양이온이라고 불린다. 몸
이 가벼운 자유 전자는 금속 도선에 전기를 접속하면 일제히
음극으로부터 양극으로 움직이기 시작한다. 이 방대한 수의 자
유 전자의 흐름이 금속 내의 전류이다.
 그러나 전자는 니크롬선이나 전구의 필라멘트 속을 완전히

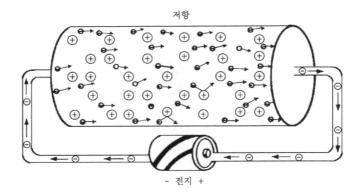

저항

- 전지 +

〈그림 1-13〉 금속 속을 흐르는 자유전자가 전류의 정체이다

자유로이 움직일 수 있는 것은 아니다. 전자는 금속의 양이온
에 충돌하면서 진행한다. 금속의 전기 저항의 원인은 이 양이
온의 방해에 있다.

수류 모형에서는 저항을 댐에 대응시켰지만, 여기서 수류와
전류의 차이를 명확히 할 필요가 있다. 댐에서는 수류는 아래
로 갈수록 빨라진다. 그러나 전자는 양이온의 방해 때문에 저
항 속을 등속으로 진행한다. 이때 전자는 그 에너지를 양이온
에 준다. 이 때문에 양이온의 진동이 맹렬해지고 열이 발생한
다. 이 열을 줄열이라고 부른다.

또 텅스텐 등의 전기 저항이 온도와 더불어 증가하는 것은
온도의 상승과 더불어 양이온의 열운동이 왕성해지고, 전자의
흐름을 더 맹렬하게 방해하기 때문이다.

동선을 예로 들어서 그 속의 전자의 상태를 더 자세하게 관
찰하자. 구리 속에는 1㎤ 당 8.4×10^{22}개나 되는 대량의 자유
전자가 있다. 단면적이 1㎟인 동선 속을 1Å의 전류가 흐르고

있을 때 전자의 이동 속도는 어느 정도가 될까? 전자의 속도는
꽤 큰 것이 아닐까 하고 생각되지만, 사실은 놀랍게도 매초
0.1mm이다!

이래서는 회중전등의 스위치를 넣어도 전구가 켜질 때까지는
상당한 시간이 걸리지 않을까 하고 걱정이 된다. 그러나 도선
이나 전구 속의 전자는 스위치를 넣는 동시에 일제히 움직이기
시작하므로 그런 걱정은 하지 않아도 된다.

왜 일제히 움직이기 시작할까? 우무처럼 전자가 이웃 전자를
밀어낸다고 하는 설명도 있지만, 이것은 반드시 옳은 대답이라
고는 할 수 없다. 실제는 거의 순간적으로 모든 전자에게 '움직
여라!'라는 지령이 전달되는 것이다. 이 지령을 내는 것이 다음
장에서 등장하는 전기장(電氣場)이다.

자유 전자는 금속 바깥으로 끌어낼 수도 있다. 2개의 전극을
넣은 유리관 속의 공기를 뽑아내고 음극을 가열하여 전극 사이
에 높은 전압을 걸어준다. 그러면 음극 쪽에서부터 양극으로
진공 속을 전자가 흐른다. 이것은 진공 속의 전류이다. 텔레비
전 등의 브라운관에서는 이 전자빔을 조절하여 아름다운 영상
을 만들어 내고 있다.

전류와 에너지는 별개의 것

다음에는 전류와 에너지의 차이를 명확히 하자. 도선 속을
흐르고 있는 전류의 정체는 전자의 흐름이다. 전지가 가진 전
하는 마이너스이므로 실제는 전자는 전지의 음극에서부터 양극
으로 흐르고 있다. 그러나 전자의 흐름으로 회로를 설명해 나
가면 좀 복잡해지기 때문에, 보통은 전자 대신 플러스의 전하

를 가진 입자를 생각하고, 그것이 양극으로부터 전구를 통과하
며 음극으로 흘러가는 것이라고 한다. 이 플러스의 전하를 가
진 입자는 전지에 의해서 다시 전위가 높은 곳으로 들어 올려
져서 뱅글뱅글 회로를 순환한다. 즉 회로에 분로가 없으면 전
류는 회로의 어디에서나 같은 양만큼 흐르고 있고 결코 도중에
서 감소하는 일이 없다.

거기서 회로 도선의 임의의 단면을 생각해 보면, 거기를 매
초에 통과하는 전하는 어디서나 같다. 1초간에 단면을 통과하
는 전하를 전류라고 하므로 시간 t(초) 동안에 전하 q(쿨롱)가
통과하면, 그 회로의 전류 I(암페어)는

$$I = \frac{q}{t}$$

로 나타내어진다.

다음은 에너지에 대해서 생각해 보자. 근본 에너지란 무엇일
까? 높은 곳에 있는 물은 낮은 곳으로 떨어질 때 수차나 발전
기를 돌려 일을 할 수 있다. 이같이 일을 하는 능력이 있을 때
물체는 에너지를 갖고 있다고 말한다(그리고 일이란 정확하게는
물체에 가한 힘×움직인 거리를 말한다).

펌프가 일하여 물을 높은 곳으로 들어 올리는 것과 마찬가지
로, 전지는 플러스의 전하를 음극으로부터 양극으로 들어 올린
다. 즉 여기서 전지는 회로에 에너지를 공급한다. 이리하여 전
위가 높은 곳으로 들어 올려진 플러스의 전하는 에너지를 가진
것이 되고, 전구가 있는 곳에서 전위가 낮은 장소로 흐를 때
전구를 켜는 일을 한다. 즉 전하의 에너지는 전구가 있는 곳에
서 빛이나 열의 에너지로 변환한다.

이상과 같이 전류는 회로를 순환하지만, 에너지는 전지로부터 회로로 공급되어, 전구가 있는 곳에서 회로 바깥으로 빠져나간다.

지금까지 전기와 친숙해지기 위해서 회로의 전류, 전압, 에너지 등을 살펴보았다. 2장부터는 전자기학의 기초가 되는 이들의 개념을 더욱 깊숙이 들어가면서, 변화가 풍부한 전자기 현상을 생각해 보기로 하자. 먼저 다음 2장에서는 전류의 원동력이 되는 전기력에 대해서 생각해 본다. 여기서 비로소 전자기학의 한쪽 주인공─전기장이 등장하게 된다.

2장 전기장을 생각한다
—원달설과 매달설

1. 정전기의 불가사의

전기의 태양

우주선 헤레나호는 아까부터 선체에 이상을 느끼고 있었다. 특히 전기 계통이 이상하다. 계기가 원인 불명의 오작동을 일으키는 것이다.

승무원 "선장님, 이유를 알았습니다. 강력한 전기장이 이 부근의 우주 공간에 있습니다."

선장 "아니, 전기장이라구... 그 원인이 무엇이냐?"

승무원 "아직 모릅니다. 이렇게 강력한 전기장은 여태까지 우주 공간 어디에서도 관측된 일이 없습니다."

그러나 그 원인도 이윽고 밝혀졌다. 진행 방향으로 하나의 불가사의한 태양이 보인다. 이 태양에 접근할수록 전기장이 강해진다. 이윽고 이 태양 주변의 이상한 광경을 우주선으로부터 관측할 수 있게 되었다.

먼 데서부터는 태양을 중심으로 커다란 소용돌이가 있는 것처럼 보였으나 차츰 접근함에 따라 그 소용돌이는 작은 암석과 소행성으로 이루어져 있는 것이 판명되었다. 그들 소천체가 중앙의 태양을 향해서 소용돌이를 이루면서 빨려 들어가고 있다. 태양에 아주 가까운 곳에서는 번개를 닮은 섬광이 소천체와 태양 사이로 흩날리고 있다. 섬광을 받은 소천체는 산산조각이 되어 흩날려 간다.

선장 "믿을 수 없는 광경이군. 하지만 태양의 정체는 알았어. 저것은 강력한 전기를 띤 태양이야."

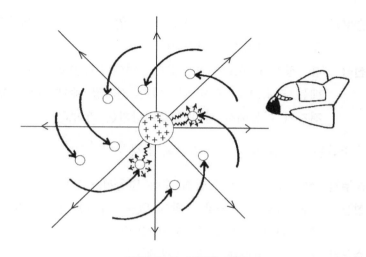

〈그림 2-1〉 전기의 태양

승무원 "관측에 의하면 확실히 강력한 양전기를 띠고 있다는
걸 알 수 있습니다. 그러나 선장님, 주위의 소천체는
왜 빨려드는 것이죠?"

선장 "이들 소천체는 이 태양에 의해서 끌어 모인 보통의
부유 물체인 거야. 본래 전기는 띠고 있지 않아. 그러
나 끌어 당겨지는 거야."

승무원 "왜죠? 알 수 없는데요."

선장 "이봐, 이건 정전기유도(靜電氣誘導)라고 하는 현상이야.
전기장 속에 두어진 물질의 분자가 플러스와 마이너스
로 분극 되어 끌려가는 거야. 그렇지! 이 이상 더 태양
에 접근해서는 안 돼! 당장 진로를 바꾸게."

그러나 이미 때는 늦었다.

승무원 "안 됩니다, 선장님. 엔진을 다 열어도 본선은 태양으로 끌어 당겨가고 있습니다."

선장 "흠, 정전기 유도가 이 배에도 일어나고 있는 거군. 이 배는 금속으로 되어 있으니까 전기장 속에 두어지면 전자가 이동해서 강하게 끌어당기는 거야."

우주선은 자꾸만 태양으로 접근해 간다.

승무원 "선장님, 이대로 도망칠 수는 없을까요?"

선장 "음, 태양에 격돌할 수밖에 없군. 하지만 충돌하기 전에 강력한 번개로 파괴되고 말거야."

승무원 "선장님, 어떻게 손을 쓰셔야죠."

선장 "음..."

잠깐 생각하고 있던 선장은 다음과 같은 지시를 내렸다.

선장 "전방에 소행성이 보인다. 저 뒤로 향해서 진행하라!"

우주선은 가까운 소행성의 태양 뒤쪽으로 가서 그 뒤에 숨었다. 그러나 우주선은 이번에는 그 소행성에 끌어 당겨지기 시작했다.

승무원 "선장님, 안 됩니다. 우리 배는 소행성에 센 힘으로 끌어당기고 있습니다. 이대로는 격돌하고 맙니다."

선장 "아차! 소행성 뒤쪽에는 태양과 같은 양전기가 괴어 있었군."

그러나 이미 때는 늦었다. 우주선은 소행성과 충돌 직전이었다. 그 순간, 소행성과 우주선 사이에 번개가 치달았다. 격렬한

충격이 우주선을 꿰뚫었다. 그 직후 우주선은 소행성으로부터의 반발력을 받아 이제까지와는 반대 방향으로 진행하기 시작했다.

선장 "음... 판단 착오가 도리어 좋은 결과를 가져다주었군. 승무원에게 알린다. 이제부터 본선은 이 태양으로부터 탈출한다. 엔진 전개. 그대로 태양과 반대 방향으로 진행하라!"

이렇게 위기일발 우주선 헤레나호는 가까스로 이 전기 태양의 인력권에서 탈출하는 데 성공했다.

일렉트론과 자석

예로부터 알려져 있었던 전자기 현상에는 자철광이나 호박(琥珀)이 물질을 끌어당기는 작용이 있다. 이들 현상에 대해서는 고대 그리스와 페르시아, 중국 등에 기록이 남겨져 있지만, 저마다 호박이나 자철광이 지니는 특유한 성질로만 간주하였고 과학적인 탐구는 진보하지 못했다.

이 분야에서 획기적인 공적을 쌓은 사람이 영국의 길버트이다. 그는 1600년에 유명한 저작 『자석론』을 저술했다. 그가 이룩한 공헌 중의 하나는 전기 현상과 자기 현상을 명확히 구별한 일이다. 그는 호박 외에 유리, 황, 보석, 황랍 등을 마찰했을 때에 생기는 힘이 자철광의 자기력과는 완전히 다른 것임을 확인하고, 전기적(Electric)인 힘이라고 명명했다. 일렉트릭이라는 말은 그리스에서는 호박이 '일렉트론'이라고 불리고 있던 데서 연유한 것이다.

마찰 전기의 정체에 대해서는 현재는 다음과 같이 생각되고

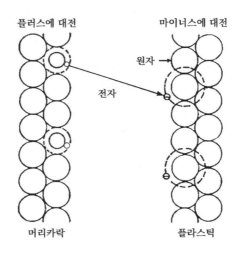

<그림 2-2> 마찰에 의한 전지의 이동

있다. 앞에서도 언급했듯이 모든 물질은 원자로써 구성되어 있고, 원자의 중심에 있는 원자핵은 플러스의 전하를, 원자핵을 돌고 있는 전자는 마이너스의 전하를 갖고 있다(오늘날에는 이 전자가 일렉트론이라고 불리고 있다). 물질 속의 플러스와 마이너스의 전하의 총량은 평소에는 같으며, 물질은 전기적으로 중성이다.

그런데 마찰에 의해서 다른 물질 사이에 전자의 이동이 일어난다(그림 2-2). 이를테면 플라스틱의 책받침을 머리카락으로 문지르면, 머리카락으로부터 책받침으로 전자가 이동하여 책받침의 전자가 과잉 상태로 되어, 책받침은 음전기를 띠게 된다(마이너스에 대전). 한편 유리컵을 명주 천으로 문지르면 유리로부터 명주로 전자가 이동하여 유리는 전자가 부족한 상태로 되어 양전기를 띤다(플러스에 대전).

〈그림 2-3〉 정전기 방지 스프레이

　이 마찰 전기 때문에 건조한 겨울날에는 속옷이 몸에 달라붙
거나 탁탁하고 불꽃이 튀거나 한다. 최근에는 이런 불쾌감을
방지하기 위해서 정전기 방지 스프레이(그림 2-3)가 사용되고
있는데, 이것은 습기를 모으기 쉬운 물질(친수성 물질)을 뿌려서
고여 있는 전하를 공기 속으로 놓아주는 것이다.

　마찰 전기와 같이 책받침이나 유리컵에 고인 채로 움직이지
않는 상태의 전기를 정전기(靜電氣)라고 한다. 이것은 회로를 흐
르는 전류(동전기)와 구별하기 위한 말이지만, 이 두 전기에 본
질적인 차이는 없다. 어느 쪽도 다 전자와 원자핵의 전하에 유
래하는 것이다.

정전기도 크게 쓸모가 있다

　도어의 손잡이를 잡으면 '짜릿'하게 느껴지는 정전기는 정말

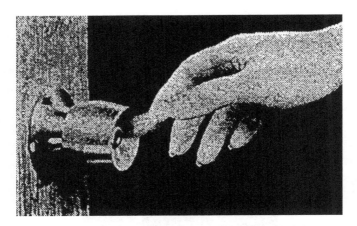

〈그림 2-4〉 손잡이를 잡을 때의 '찌릿'함은 정전기

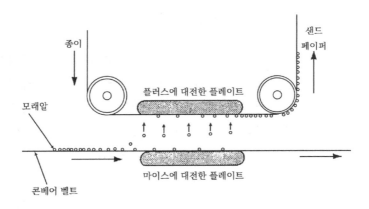

종이

샌드
페이퍼

플러스에 대전한 플레이트

모래알

마이스에 대전한 플레이트

콘베어 벨트

〈그림 2-5〉 샌드페이퍼를 만들 때도 정전기가 사용된다

질색이다(그림 2-4). 전기가 크게 이용되고 있는데도 꺼려지는 원인은 아마도 이 '짜릿'함에 있을 것이 틀림없다.

이 방전의 원인은 양전기와 음전기가 흡인하는 데 있다. 전기는 같은 부호의 전기끼리는 서로 반발하고, 다른 부호의 전기는 서로 흡인한다. 이 힘을 전기력이라고 한다.

정전기는 이런 장난으로만 생각하기 쉽지만, 여러 곳에서 도움을 주고 있다. 이를테면 공장에서는 샌드페이퍼의 제작이나 자동차의 도장에 사용된다. 샌드페이퍼는 〈그림 2-5〉와 같이 해서 만든다. 먼저 종이에 풀칠하여 플러스에 대전시켜 놓고, 모래알을 마이너스에 대전시켜 둔다. 모래알은 전기력에 의해서 종이에 부착되는데, 그때 모래알끼리가 서로 반발하기 때문에 종이 위에 균일하게 확산하고 얼룩이 생기지 않는다. 정전기를 사용한 도장도 마찬가지여서, 안개 상태로 한 도료를 대전시켜 자동차의 표면에 부착시킨다. 아주 훌륭한 응용이다.

전기력은 어떻게 작용하는가?

'양전기끼리, 음전기끼리는 서로 반발하고 플러스, 마이너스의 전기는 서로 흡인한다'라는 표현은 일상 거의 무의식적으로 사용되고 있다. 전기력에 대한, 이 얼핏 보기에는 당연한 것만 같은 표현 속에 실은 전자기학의 최대 주제가 포함되어 있다.

힘이라고 하는 것은 물체와 물체가 서로 밀었다, 당겼다가 할 때 작용하는 것이다. 이 경우 보통 미는 물체와 밀리는 물체, 당기는 물체와 당겨지는 물체는 서로 접촉해 있다. 이와 같은 힘을 접촉력(接觸力)이라고 한다. 접촉력은 물체를 밀었다, 당겼다 할 때 우리가 근육으로 느끼는 것이기 때문에 알기 쉽다.

한편, 태양과 지구 사이에 작용하고 있는 만유인력은 이것과는 다르며 멀리 떨어져 있는 물체 사이에 작용하는 힘이다. 이와 같은 힘을 비접촉력(非接觸力)이라고 하는데, 전자기학에서 문제가 되는 전기력이나 자기력도 만유인력과 같은 비접촉력이다. 하지만 떨어져 있는 물체 사이에 어째서 힘이 작용하는 것일까? 어째서라는 표현은 애매하기 때문에 좀 더 구체적으로 말하자면 비접촉력이란 어떤 메커니즘으로서 작용하는 것일까? 이 전기력과 자기력의 작용 방법에 관한 문제가 전자기학의 근본 문제이며, 장기간에 걸친 논쟁의 중심 과제이었다.

2. 공간을 뛰어넘는 힘

전기의 근원과 전기유체

이것은 중요한 문제이기에 약간 역사를 돌이켜 보기로 하자.

길버트가 1600년에 전기력과 자기력을 구별했다는 것은 이미 앞에서 언급했지만, 그는 전기력의 원인을 다음과 같이 생각했었다. 물체를 마찰하면 물체에 포함된 전기소(電氣素, Effluvium)가 물체로부터 발산하여, 그것이 물체 주위를 둘러쌈으로써 다른 물체를 끌어당긴다.

또 조금 뒤인 18세기 중엽에는 프랑스의 놀렛이라는 사람이 전기유체(電氣流體)라는 것을 생각하여 전기적인 인력과 반발력을 설명했다.

놀렛 씨와 인터뷰를 시도해 보자.

"놀렛 씨. 당신이 전기 현상의 새로운 이론을 만드셨다고 하는데, 어떤 이론입니까?"

→ "나는 모든 물체에는 전기유체라고 하는 것이 포함되어 있다고 생각합니다."

"그것으로 물체를 마찰하면 어떤 일이 일어납니까?"

→ "물체를 마찰하면 이 전기유체의 일부가 도망쳐서 흘러나가는 흐름을 만듭니다. 이 흐름에 의해서 다른 물체가 반발하는 것입니다."

"그렇다면 인력 쪽은 어떻게 설명하시겠습니까?"

→ "음, 물체로부터 흘러나가는 전기유체의 손실은 외부로부터 물체로 흘러드는 유체로써 보충됩니다. 이 흘러드는 흐름에 포획된 물체가 끌어 당겨지는 것입니다."

길버트나 놀렛의 사고는 현재의 우리에게는 무척이나 소박하게 보일는지 모른다. 그러나 이와 같은 사고방식의 흔적은 우리 속에도 뿌리 깊이 남아있는 일이 많다. 이 사고방식에서는 떨어져 있는 물체 사이에 작용하는 비접촉력의 설명에 전기소라느니 전기유체라느니 하는 눈에 보이지 않는 물질이 상정되어 있다는 점에 주목하자. 이것이 비접촉력에 대해서 대부분 사람이 최초에 생각하게 되는 사고방식이다.

원달력—힘은 공간을 뛰어넘는다

소박한 전기소(유체)의 방출이론에 대해서 반론을 가한 것은 미국의 프랭클린이었다. 다음에는 그 프랭클린 씨와 인터뷰를 가져 보기로 하자.

"프랭클린 씨, 당신은 길버트와 놀렛 씨의 이론은 틀렸다고 주장하시는데, 그 근거는 무엇입니까?"

→ "나는 전기소가 물체 주위로 방출되고 있는지, 어떤지를 조사하기 위해서 전기를 띤 물체에 센 바람을 쐐 보았습니다. 이렇게 해도 전기력은 상실되지 않았습니다. 만약 전기를 띤 물체 주위에 전기

소가 방출되어 있다면 바람에 날아가 버렸을 것입니다."

"과연 훌륭하십니다. 또 달리 증거가 있습니까?"

→ "확인을 위해서 또 한 가지 실험을 해 보았습니다. 전기를 띤 두 물체 사이에 유리를 넣어도, 전기력은 유리를 통과해서 작용합니다. 전기소가 유리와 같은 고체를 통과한다는 것은 생각할 수 없는 일이라고 생각합니다."

"그럼, 당신의 생각으로는 전기력은 어째서 작용하는 것입니까?"

→ "전기력은 아마 대전한 물체가 떨어져 있더라도 직접 작용하는 것입니다. 전기소가 공간으로 방출되는 따위의 일은 없다고 생각합니다."

전기력을 측정하는 쿨롱의 법칙

이리하여 전기소의 방출설이 부정되는 동시에 2의, 이것과는 대조적인 학설이 등장한다. 그것은 전기력은 도중의 공간에 아무런 전달 물질이 없더라도 공간을 뛰어넘어서 떨어져 있는 물체에 작용한다고 하는 사고방식이다. 이것을 힘의 원달설(遠達說. 원격 작용설)이라고 부른다.

이 원달설을 강력하게 지원하는 실험을 한 사람이 프랑스의 쿨롱이다. 그는 대전된 2개의 작은 구 사이에 작용하는 전기력의 크기를 정밀하게 측정하여 다음의 법칙을 발견했다(1785).

1. 전기력은 2개의 작은 구의 전기량의 곱에 비례한다.
2. 전기력은 2개의 작은 구가 떨어져 있을수록 작고, 2개의 작은 구의 거리의 제곱에 반비례한다.

이것이 유명한 **쿨롱의 법칙**이다(그림 2-6).

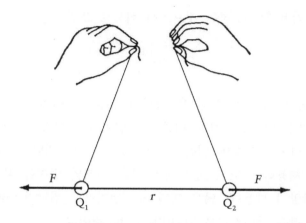

〈그림 2-6〉 쿨롱의 법칙. 전기력은 작은 구의 전기량의 곱에 비례
하고, 거리의 제곱에 반비례한다

2개의 대전한 작은 구 사이의 거리를 r(미터), 두 구의 전기
량을 Q_1, Q_2(쿨롱)이라고 하면 전기력 F(뉴턴)는

$$F = \frac{1}{4\pi\epsilon_0} \frac{Q_1 Q_2}{r^2}$$

로 쓸 수 있다. 힘의 단위 뉴턴 N은 물리학에서 자주 쓰이는
데, 약 100g의 물체에 작용하는 중력이 1뉴턴이다. 또 비례상
수가 $1/4\pi\epsilon_0$로 되어 있는 것은 다른 여러 가지 공식을 알기
쉽게 나타내기 위한 것으로서 ϵ_0은 진공의 유전율(誘電率)이라고
불리고 있다.

쿨롱의 법칙이 전기력의 원달설의 증거라고 생각된 것은 이
법칙이 뉴턴의 만유인력의 법칙과 같은 형태를 취하고 있기 때
문이다. 만유인력의 법칙이란 질량이 m_1, m_2인 두 물체 사이
에는, 질량의 곱에 비례하고 물체 사이의 거리에 반비례하는

인력이 작용한다고 하는 것으로서 식으로 쓰면

$$F = G\frac{m_1 m_2}{r^2}$$

로 된다. 당시의 뉴턴역학은 확립된 유일한 과학이론이었으며, 그 밖의 분야에서의 모든 이론의 모범이라고 생각되고 있었다. 이 뉴턴역학의 기초에 있는 만유인력의 법칙이 원달력(遠達力)의 입장을 채용하고 있고, 전기력이 같은 형태의 법칙을 따른다는 것을 알았기 때문에, 많은 과학자가 전기력도 원달력이라고 생각했던 것은 자연스러운 일이었다고 할 것이다.

신변에 있는 정전기 유도

쿨롱의 법칙을 엄밀하게 확인하는 데는 정밀한 실험이 필요하지만, 전기력의 작용 방법을 보는 것일 뿐이라면 신변에 있는 재료로 간단한 실험을 할 수가 있다.

〈그림 2-7〉과 같이 실 끝에 알루미늄박과 발포스티롤을 부착하고 이것을 형광등의 스탠드에 매단다. 접착은 셀로판테이프면 된다. 한편 정전기를 일으키는 데는 주스 깡통 등에 부엌에서 쓰는 투명한 랩(Lap)을 감아 붙여서 벗겨 내면 된다. 다만 빈 깡통은 도체이기 때문에 스트로로 매달고 손으로는 직접 닿지 않도록 한다.

빈 깡통을 실 끝의 알루미늄박이나 발포스티롤에 접근시킨다. 그러면 알루미늄박이 빈 깡통으로 세게 끌려지고 발포스티롤은 조금만 끌려간다. 알루미늄박도 발포스티롤도 본래 전기를 띠고 있지 않은데도 끌려간다. 다음에는 빈 깡통을 알루미늄박에 접

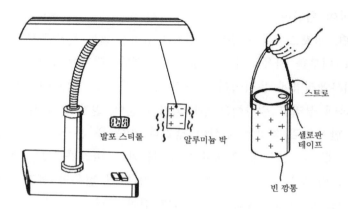

<그림 2-7> 간단히 만들 수 있는 정전기 유도의 실험

촉시킨다. 그러면 알루미늄박은 세게 반발하고, 그 이후 깔개와 알루미늄박 사이에는 반발력이 작용하게 된다. 발포스티롤은 빈 깡통을 잠깐 접촉시키면 약간의 반발을 받게 된다.

　최초에 전기를 띠고 있지 않은 알루미늄박이나 발포스티롤이 빈 깡통에 끌어 당겨진 것은 어째서일까? 랩으로 문지른 빈 깡통은 플러스의 전하를 갖고 있으며, 이 빈 깡통을 접근시키면, 알루미늄박 속의 전자는 인력을 받아서 알루미늄박 속을 이동하여, 빈 깡통에 가까운 쪽이 마이너스, 먼 쪽이 플러스의 전기를 띤다. 이 현상을 정전기 유도라고 하는데, 쿨롱의 법칙에 의해서 빈 깡통에 가까운 음전하가 빈 깡통에 끌리는 힘이, 멀리 있는 양전하가 빈 깡통에 반발하는 힘보다 세기 때문에, 알루미늄박은 전체적으로 빈 깡통에 끌어 당기게 된다.

　그런 다음 빈 깡통과 알루미늄박을 접촉하면, 빈 깡통의 양전하가 알루미늄박으로 이동하고, 이번에는 알루미늄박도 전체가 플러스에 대전하기 때문에, 양전하끼리의 반발력으로 알루미늄박이 튕긴다.

한편, 발포스티롤은 절연체(전기를 통하지 않는 물질)로서 전자는 그 내부를 자유로이 움직일 수가 없다. 전자는 분자·원자의 내부에서밖에 움직이지 못하지만, 그래도 전자는 빈 깡통의 양전하에 끌리고 원자핵은 반발되기 때문에 원자·분자 내에 전하가 한쪽으로 쏠리는 현상이 생긴다. 이것을 분극(分極)이라고 부르는데, 이 분극에 의해서 알루미늄박과 마찬가지로 발포스티롤도 빈 깡통에 끌어 당겨진다. 그러나 이 경우의 정전기 유도는 도체인 알루미늄박에 비교하면 훨씬 작다.

텔레비전의 브라운관은 먼지를 빨아들이기 쉽다. 이따금 닦아주지 않으면 화면이 어두워진다. 이것도 정전기 유도가 원인이다. 텔레비전의 브라운관에는 후부의 전자총으로부터 전자빔이 온다. 이 전자가 브라운관의 유리에 괴어서 작은 먼지를 빨아들인다.

그 때문에 브라운관이 잘 보이지 않게 되어 곤란한데, 반대로 이 작용을 적극적으로 이용하고 있는 것이 정전기식 에어클리너이다. 에어클리너는 대전시킨 스크린에 공기 속의 작은 먼지를 빨아들여서 공기를 깨끗이 한다.

또 2장 서두의 「전기의 태양」 이야기는 정전기 유도를 픽션으로 만든 것이다.

다만 「전기의 태양」에서의 설명과 여기서 하는 설명 방법에는 큰 차이가 있다는 것을 알아챈 독자도 있을 것이다. 여기서는 쿨롱의 원달력의 사고방식으로 정전기 유도를 설명해 왔는데, 「전기의 태양」에서는 전기장이라는 말이 사용되었다.

일반적으로 우리의 전기력에 대한 사고방식은 원달력인 경우

가 많다. 정전기 현상이나 직류 회로를 대상으로 하는 한, 이것
으로도 아무 지장이 없다. 그러나 이 입장을 계속해서 지속해
나가면 전자기 현상의 본질을 파악할 수 없게 된다. 곰곰이 생
각해 보면 아무것도 없는 공간을 뛰어넘어서 작용하는 힘이라
는 것은 어딘가 텔레파시와 비슷해서 부자연한 느낌이 들지 않
을까?

3. 공간을 매개 삼아 전달되는 힘

매달력은 공간을 매개로 삼고 있다

대학 출신의 수많은 고명한 과학자들이 원달력의 사고로써
전자기 현상을 해명하려 하고 있은데 대해, 별다른 학력도 없
는 영국의 패러데이가 전혀 다른 관점에서부터 전자기의 연구
를 추진했던 일은 매우 흥미롭다.

과학의 이론은 실험의 축적 때문에 직선적으로 발달하는 것
은 아니다. 사람은 백지 같은 마음으로 자연을 볼 수는 없으며,
반드시 어떠한 선입관을 갖고 자연을 본다. 전기력을 원달력으
로 보는 태도도 이것의 하나이다. 이와 같은 선입관을 가리켜
과학사(科學史)에서는 패러다임(Paradigm, 개념의 틀)이라고 부르
는데, 대부분의 과학자가 원달설의 패러다임에 집착하는데 대
해, 패러데이는 새로운 매달설(媒達說: 근접 작용설)이라고 하는
패러다임을 제창했다. 매달설이란 전하가 공간에 어떠한 변화를
주어, 그 변화를 매개로 삼아서 전기력이 작용한다고 하는 사고
방식이며, 이것이 곧 '장(場)'의 입장이다.

전자기학의 중심 테마

전자기학의 중심 테마는 원달력(원격력)과 매달력(근접력)의 논쟁 바로 그것이다. 콘덴서의 극판 사이에 둔 하전 입자(대전한 입자)를 예로 들어 두 사고방식의 차이를 명확히 해 보자.

두 개의 금속판을 마주 보게 한 것을 콘덴서라고 한다. 콘덴서에 전지를 접속하면 전지의 음극에 접속한 극판에는 많은 전자가 와서 극판은 마이너스에 대전한다. 한편 전지의 양극에 접속한 극판으로부터는 전자가 전지의 양극으로 도망가고, 극판은 전자가 부족하여 플러스에 대전한다. 이때 전자의 이동은 극히 단시간으로 끝나고 전하는 그대로 정지 상태가 된다.

〈그림 2-8〉과 같이 전하가 저장된 콘덴서의 극판 사이에 작은 플러스의 하전 입자를 두면 이 입자에 하향으로 힘이 작용하는데 그 설명에는 두 가지가 있다.

1. **원달력의 입장** — 작은 플러스의 하전 입자는 위의 극판의 양전하로부터는 반발하고, 아래 극판의 음전하로부터는 끌어당겨지기 때문에 하향의 힘을 받는다.

2. **매달력의 입장** — 상하의 극판의 전하에 의해서 그사이의 공간에 변화가 일어나서 전기장이 형성된다. 거기에 두어진 작은 하전 입자는 전기장으로부터 힘을 받는다. 전기장은 눈에 보이지 않기 때문에 전기력선(電氣力線)이라고 하는 것으로서 나타난다. 전기력선은 작은 플러스의 하전 입자에 작용하는 힘의 방향으로 끌어당긴다.

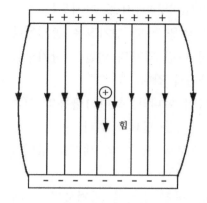

극판의 전하는 공간에 전기장을
만들어 내고, 입자는 그 전기장
으로부터 힘을 받는다.

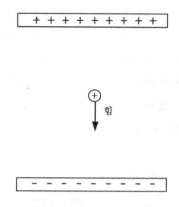

극판의 전하가 떨어져 있는 입자에
힘을 미친다.

〈그림 2-8〉 원달력과 매달력

전기장을 결정하는 방법

다음으로 전기장의 정식적인 정의를 설명하겠다. 여기서는 다소 지나치게 이론적인 이야기가 되겠지만 중요한 대목이기에 참고 읽어주기 바란다. 전기장의 세기는 다음과 같이 약속한다.

공간의 어느 장소에 가령 플러스 1쿨롱의 하전 입자를 두었을 때, 그 입자에 작용하는 힘의 크기를 그 장소의 전기장의 세기로 한다.

또 전기장(전기력선)의 방향은 이 플러스의 하전 입자에 작용하는 힘의 방향이라고 약속한다. 이렇게 적으면, "뭐냐, 전기장이라고 하지만 요컨대 힘을 말하는 것이 아니냐" 하는 생각이 든다. 그러나 우선 첫째로 주의할 일은 이 플러스 1쿨롱이라고 하는 하전 입자는 어디까지나 임시(머릿속에서)로 가져오는 것으로서, 입자가 없고 작용할 힘이 없을 때도 전기장은 존재한다고 생각하는 점이다. 이 1쿨롱의 하전 입자의 역할은 자기장을 조사하는 데에 사용되는 작은 자침과 같다.

둘째, 여기서 2쿨롱이나 3쿨롱이 아니라, 특히 1쿨롱의 전하를 띤 입자를 가져왔다는 점에 주의할 필요가 있다. 이것은 전하 1쿨롱에 대해서 작용하는 힘으로서 전기장의 세기를 정의하기 위해서이다.

일반화해서 전하 q(쿨롱)를 띤 하전 입자를 가져오면, 힘과 전기장의 차이가 명확해진다. 전기장의 세기는 E라는 기호로서 나타내어지는데, 세기 E의 전기장 속에 q(쿨롱)의 전하를 띤 하전 입자를 두면, 작용하는 힘(뉴턴)은

$$F = qE$$

가 된다. 이 식을 바꿔 써서

$$E = \frac{F}{q}$$

로 하면, 전기장=전하 1쿨롱에 대해서 작용하는 힘으로 되고, 전기장의 정의가 재현된다.

자석이 만드는 자기장(磁氣場)과 비교해서 전기장은 우리에게는 친숙해지기 힘들다. 자기장은 어릴 적부터 자석 주위에 뿌려진 사철의 상태를 보아왔기 때문에, 이럭저럭 어떤 이미지가 떠오른다. 또 자기장의 경우는 방위자침(方位磁針)이라는 동서남북을 조사하는 자석이 있기 때문에 자기장의 방향을 금방 알 수 있다. 만약 자침과 같이 한쪽에 플러스의 전하, 반대쪽에 마

이너스 전하를 가진 전침(電針)이 있다면 전기장이 훨씬 친근한 것으로 될 것이다. 유감스럽게도 전기장에는 이런 전침이 없다.

우리는 상상력으로 플러스 1쿨롱의 하전 입자를 머리 속에서 생각하고, 그것에 작용하는 힘으로부터 전기장의 이미지를 그려 내야 한다.

전기장은 용출형

플러스에 대전한 작은 구 주위에는 〈그림 2-9〉의 (a)와 같은 전기장이 형성된다. 이 전기장의 모양은 무엇을 닮지 않았을까? 수평으로 된 판자 중심에 작은 물이 솟아나는 구멍, 즉 용출구(湧出口)를 만들고, 거기서부터 물이 솟아 나오게 하면 물은 판자 위를 전기장과 마찬가지로 방사형으로 퍼져 나간다. 물의 흐름을 나타내는 선을 유선(流線)이라고 부르는데, 유선과 전기력선은 매우 흡사하다.

플러스와 마이너스에 대전한 2개의 작은 구 주위의 전기장의 상태는 〈그림 2-9〉의 (b)처럼 된다. 이것은 수평으로 된 판자에 용출구와 흡수구를 만든 상황에 해당한다. 플러스에 대전한 작은 구는 용출구, 마이너스에 대전한 작은 구는 흡수구에 대응한다.

또 수류가 강한 곳에서는 유선의 개수가 많은 것과 마찬가지로 전기장이 센 곳(작은 구의 주위)에서는 전기력선의 개수가 많다는 것도 자연히 알 수 있다.

〈그림 2-9〉의 (c)는 2개의 플러스의 하전 입자가 만드는 전기장이다. 이 경우 양쪽 입자 모두 용출구에 해당한다.

다만 비슷하다고 해서, 전기장의 경우 수류처럼 무엇이 흐르

62

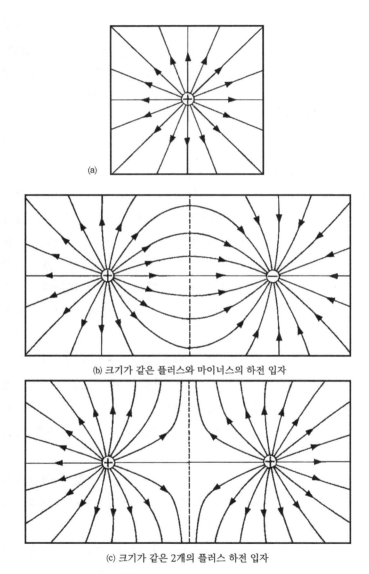

(a)

(b) 크기가 같은 플러스와 마이너스의 하전 입자

(c) 크기가 같은 2개의 플러스 하전 입자

〈그림 2-9〉 전기장은 용출 · 흡수형

고 있는 것은 아니다.

4. 전기의 지도 표시법

전위차란?

직류 회로일 경우, 전류가 흐르고 있는 저항이 있는 데서는 그 양단에 전위차가 있고 플러스 쪽에서 마이너스 쪽으로 전위의 빗면이 내려간다. 그러면 전류가 흐르고 있지 않은 콘덴서의 극판 사이의 공간은 어떻게 되어 있을까? 콘덴서의 극판 사이에도 전위의 빗면이 있다! 그 상태는 저항의 경우와 똑같다.

그러나 전류가 흐르고 있지 않은 곳에 어떤 빗면이 있다는 것은 이해하기 힘들다. 근본 전위차니, 전위니 하는 것은 무엇일까? 1장에서는 전위차란 수위차에 대응하는 것으로 생각했는데, 중요한 문제이므로 여기서 다시 한번 검토해 보기로 하자.

전위차란 보다 정확하게 말하면 언덕길의 높낮음의 차, 지도의 표고차(標高差)에 대응하는 것이다. 언덕 아래서부터 위로 물체를 들어 올리는 데는 일이 필요하다. 마찬가지로 콘덴서의 음극으로부터 양극으로 플러스의 하전 입자를 운반하는 데는 전기장으로부터의 힘에 거슬러서 일할 필요가 있다. 전위차란 정확하게 표현하면

전기장으로부터의 힘에 거슬러서 어떤 장소로부터 다른 장소로 플러스 1쿨롱의 전하를 가진 입자를 운반하는데 필요한 일

이라고 정의된다.

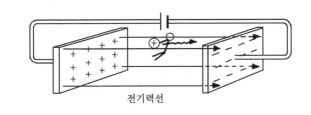

전기력선

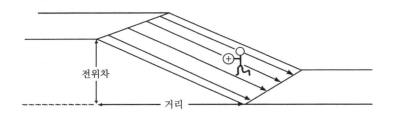

전위차
거리

〈그림 2-10〉 콘덴서의 극판 사이에는 전위의 빗면이 있다

　콘덴서 사이의 공간에 전위의 빗면이 있다는 것은 다음과 같이 생각하면 이해할 수 있다.

　콘덴서의 음극으로부터 양극으로 플러스의 하전 입자를 운반할 경우, 전기장으로부터 작용하는 힘에 대해서는 계속 저항해야 할 필요가 있음으로, 행정의 도중까지 운반하는 데도 일이 필요하다. 따라서 전위차는 양극인데서 갑자기 나타나는 것이 아니라, 콘덴서 간의 공간을 양극으로 진행함에 따라서 차츰 커진다는 것을 알 수 있다.

전위란?

　그런데 전위차와 더불어 이따금 얼굴을 내미는 전위란 무엇일까? 근본 전위차란 전위의 차이를 말하는 것이므로 우선 전

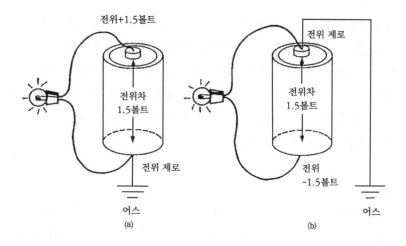

전위+1.5볼트

전위 제로

전위차
1.5볼트

전위 제로

전위차
1.5볼트

전위
-1.5볼트

어스
(a)

어스
(b)

〈그림 2-11〉 전위와 전위차

위라는 말을 설명해야 할 것이 아닌가? 확실히 그렇기는 하지만, 실제는 전위라는 말은 그리 중요한 역할을 하는 것은 아니다. 중요한 것은 어디까지나 전위의 차이이다. 이것은 언덕길을 따라 짐을 들어 올리는 경우와 같다. 이때 필요한 일은 언덕길의 높낮음의 차이에만 관계되고, 언덕이 표고가 낮은 곳에 있느냐, 높은 곳에 있느냐는 것과는 관계가 없다.

전위차가 높낮음의 차이에 대응하는 데 대해서 전위는 표고에 대응한다.

전지에 파일럿램프를 접속한 회로를 생각하고, 그 한 군데를 〈그림 2-11〉과 같이 지면에 접속해 본다. 양극 쪽을 지면에 접속한 경우와 음극 쪽을 접속한 경우로서는 어떤 차이가 있을까? 이를테면 전구의 밝기는 어떨까? 보기에는 밝기에는 변화가 없다. 전압계로 양극 사이의 전압(전위차)을 측정해도, 전류계로서 파일럿램프를 흐르는 전류를 측정해도 차이를 볼 수 없다.

그런데 전위는 어떨까? 이처럼 회로의 어딘가를 지면에 접속하는 것을 어스(접지)라고 한다. 어스를 한다는 것은 회로의 그 지점의 전위를 제로라고 약속하는 것을 의미한다. 실용적으로는 이처럼 지면의 전위를 제로로 하여서 전위의 기준으로 삼는다. 이것은 표고의 기준을 해면에 취하는 것에 대응한다. 회로의 다른 부분의 전위는 어스한 부분과의 전위차로서 나타내어진다.

그렇다면 〈그림 2-11〉의 (a)에서는 전지의 음극 전위가 제로이고, 양극의 전위는 그보다 1.5V가 높아서 +1.5V가 된다. 한편 〈그림 2-11〉의 (b)에서는 어스 되어 있는 양극의 전위가 제로이고, 음극의 전위는 그보다 1.5V가 낮아 -1.5V가 된다.

이처럼 어스를 취하는 방법에 따라서 회로의 각 부분의 전위가 달라지는데, 파일럿램프의 양단의 전위차는

(a)인 때 1.5-0=1.5V
(b)인 때 0-(-1.5)=1.5V

가 되어 어느 쪽도 같다. 두 회로의 작용도 똑같다. 전위보다 전위차가 실제로 중요하다고 말한 것은 이와 같은 사정을 생각해서 하는 말이다.

마지막으로 또 한 가지, 〈그림 2-12〉의 문제를 생각해 보자.

【문제】 (a), (b) 각각의 (가), (나), (다), (라)의 전위는 얼마인가, 또 (가)와 (라) 사이의 전위차는 얼마인가?

【답】 전위는 (a)에서 (가): 3, (나): 1.5, (다): 제로, (라) -1.5이고,

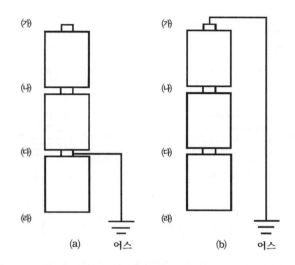

〈그림 2-12〉 각 점의 전위와 (가)와 (나) 사이의 전위차는?

(b)에서는 (가): 제로, (나): -1.5, (다): -3, (라): -4.5. 전위 차는 어느 쪽도 4.5V이다.

이것으로 전위와 전위차의 구별이 이해되었을 것으로 생각한다.

전기장은 전위의 기울기

전위가 같은 점을 배열하여 형성되는 면을 등전위면(等電位面) 이라고 하는데, 이것은 지도의 등고선(等高線)에 해당한다. 한편 전기장의 방향을 가리키는 전기력선은 빗면의 최대 경사선에 해당한다. 최대 경사선이라는 것은 산의 빗면을 돌이 자연스럽 게 굴러가는 선이다. 등고선과 최대 경사선이 직교하는 것과 마찬가지로 등전위면과 전기력선은 항상 직교한다.

빗면을 따라서 물체를 들어 올릴 때, 빗면의 기울기가 가파

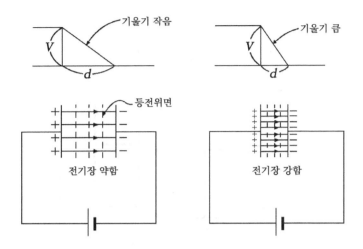

〈그림 2-13〉 전위의 기울기가 가파를수록 전기장은 세다

를수록 센 힘으로 밀어 올려야 한다. 이것은 물론 가파른 빗면
일수록, 빗면을 따라 하향으로 작용하는 힘이 강하기 때문이다.
전기의 경우도 마찬가지여서, 전위의 빗면의 기울기가 가파를
수록 전기장으로부터 작용하는 힘이 강하고, 하전 입자를 들어
올리는 데는 큰 힘이 필요하다.

따라서 전기장의 강약은 전위의 기울기의 크고 작음으로써
결정된다. 〈그림 2-13〉과 같이 콘덴서의 경우를 예로 들면, 이
것은 다음과 같이 나타내어진다.

$$극판간의 전기장의 세기 = 전위의 기울기 = \frac{극판간의 전위차}{극판간의 거리}$$

이것을 그림의 기호로써 수식화하면

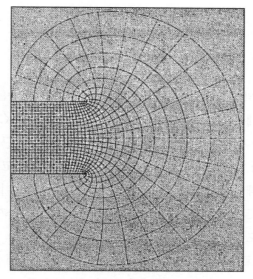

〈그림 2-14〉 콘덴서의 극판 가까이 있는 전기장(맥스웰)

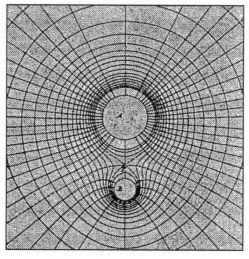

〈그림 2-15〉 같은 부호의 전하를 가진 2개의 입자가 만드는
전기장(맥스웰)

$$E = \frac{V}{d}$$

가 된다.

즉 전위의 기울기가 큰 곳(등전위면의 간격이 좁은 곳)일수록 전기장이 세다(전기력선이 많다). 이 관계는 예컨대 〈그림 2-13〉과 같이 전지를 접속한 채로 콘덴서의 극판을 접근해 보면 잘 알 수 있다. 극판 사이의 전위차 V는 바뀌지 않고, 거리 d가 짧아지기 때문에 전위의 기울기가 커지고, 전기장이 세어질 것이다. 실제로 극판을 접근시키면 보다 많은 전하가 콘덴서의 극판으로 모여들고 전기장은 확실히 강해진다.

마지막으로 영국의 맥스웰이 그린 아름다운 전기장의 모습을 보자. 〈그림 2-14〉는 콘덴서의 극판 끝 부근의 전기력선과 등전위면의 모습이다. 또 〈그림 2-15〉는 2개의 양전하를 가진 입자 주위의 전기장의 모습이다. 이 그림에서는 입자 A와 B의 전기량 비례는 4:1로 되어 있다.

옴의 법칙을 다시 한번

회로를 흐르는 자유 전자의 속도는 매우 느린데도 왜 스위치를 넣으면 금방 전등이 켜지느냐고 하는 문제('1-5. 자유 전자는 천천히 흐른다' 후반부 참고)는 전기장을 생각하면 이해하기 쉽다.

전류가 흐르고 있는 저항 속에도 콘덴서의 극판 사이와 마찬가지로 전위의 기울기, 즉 전기장이 존재한다. 자유 전자는 이 전기장으로부터 힘을 받아 저항 속을 이동한다(다만 전자의 전하는 마이너스이기 때문에 그 방향은 전기장과는 반대).

회로를 이동하는 자유 전자와 전기장의 관계는 마치 정체된

도로의 자동차와 신호등에 대응된다. 모든 신호가 빨강으로 나와 자동차가 길에 줄을 이어 정지해 있다고 하자. 여기서 신호가 일제히 파랑으로 바뀌면, 모든 자동차가 거의 동시에 느릿느릿 움직이기 시작한다.

회로의 스위치를 OFF일 때 신호가 빨강인 경우이고, 스위치를 ON일 때 신호가 일제히 파랑으로 바뀐 때에 해당한다. 스위치를 넣으면 거의 순간적으로 회로의 도선 속을 전기장이 전달되고, 저항인 곳에는 전위의 빗면이 형성된다.

전기장으로부터 힘을 받으면(신호가 파랑으로 되면) 자유 전자(자동차)는 자꾸 가속될 것만 같지만, 저항 속의 양이온이 방해를 하기(도로가 좁아서 정체되어 있다)때문에, 자유 전자(자동차)는 일정한 속도로서 느릿하게 진행하게 된다.

이때 전위차가 크고 전기장이 강할수록, 그것과 비례해서 많은 전류가 흐른다고 하는 것이 옴의 법칙이다.

이처럼 옴의 법칙의 토대에는 '하전 입자가 전기장으로부터 힘을 받는다'고 하는 기본 법칙이 있다. 즉 옴의 법칙은 응용 범위가 매우 넓지만, 전자기학의 체계 속에서는 독립된 기본 법칙이 아니라는 것을 알 수 있다.

또 여기서 당연히 '전기장은 거의 순간적으로 전달된다고 하는데 그 속도는?'이라고 하는 의문이 생긴다. 그러나 이 의문에 대해서는 지금 당장은 대답할 수 없는 것이 유감이다.

5. 장을 입증하는 것은 어렵다

공간에는 에테르가 존재하는가?

전자기의 세계에서는 전기장과 자기장이 주인공이다. 장(場)이라고 하는 것은 공간의 성질이며, 진공의 공간에도 물론 존재한다. 그러나 진공 공간에는 아무것도 존재하지 않는다고 생각하는 것이 보통이기 때문에, 이것은 좀처럼 이해하기 힘들다. 전자기장의 사고를 처음으로 과학에 도입한 패러데이나 맥스웰도, 아무것도 없는 공간에 장이 존재한다는 것은 생각할 수 없었다.

빛의 정체를 둘러싼 문제에서도 우리는 같은 의문에 부딪힌다. 빛의 파동이 진공 속을 전파할 때 무엇인가 매개로 되는 것이 있을 것이다. 그래서 장의 입장에 서는 과학자들은 공간에 에테르라고 하는 미지의 물질이 있다고 생각했다(이 에테르는 물론 마취 작용이 있는 에테르와는 전혀 다른 것이다).

에테르가 어떤 것이냐에 대해서 당시의 과학자들이 그렸던 이미지는 여러 가지가 있다. 이를테면 에테르는 매우 희박하여 눈에도 보이지 않고, 통상적인 방법으로는 관측할 수 없는 미립자의 유동체라고 생각되었다.

독자 여러분은 지금, 이와 같은 에테르를 공간에 상정해 놓아도 좋다. 그 가부는 마지막 장에서 밝혀지게 될 것이다.

장은 정말로 있는가?

현재의 전자기학은 전하와 더불어 전기장, 자기장을 기초로 하고 있으며, 매달력의 입장에 서 있다. 매달력의 입장으로부터는 전자기 현상의 모든 것을 설명할 수는 없다. 하지만 그것은 어째서일까? 원달력으로도 전하 사이의 힘(쿨롱의 법칙)이나 콘덴서의 경우의 전기력을 정확하게 설명할 수 있다. 두 학설은 여태까지는 똑같은 결과를 이끌어 왔다. 어느 쪽이든 같은 것이 아닌가 하는 생각이 든 실제로 어째서 매달설이 옳은지를 이 단계에서 설명한다는 것은 불가능하다. 이 문제는 이 책의 중심 테마이므로 그 해결은 뒷장에 미룰 수밖에 없다.

다만 여기서 한 가지만 문제 해결의 열쇠를 생각해 두자. 원달설에서는 힘이 작용하는 메커니즘이 전혀 고려되어 있지 않다. 따라서 힘의 작용에 시간은 걸리지 않으며 힘은 순간적으로 전달된다. 한편 매달설에서는 전기장의 전달에 시간이 걸릴 가능성이 있다. 따라서 이 두 가지 설로부터 다른 결론이 나올 가능성이 있다는 것은, 2장과 같은 정전기의 경우가 아니라, 전하가 움직이는 그것도 지극히 신속하게 움직이는 경우이다.

예를 들어 보자. 〈그림 2-16〉과 같이 전하를 진동시켰을 때 떨어진 곳에 있는 또 하나의 전하에 작용하는 힘은 어떻게 변할까? 만약 전기력이 원달력이라고 한다면 오른쪽 전하에 작용하는 힘은 언제나 왼쪽 전하 쪽으로 향해 있고 그 방향은 결코 왼쪽 전하의 움직임에 뒤지는 일이 없다. 그러나 전기력이 매달력이라고 한다면, 힘의 방향은 아주 근소하게나마 왼쪽 전하의 움직임보다 뒤질 가능성이 있다.

이와 같은 실험을 할 수 있으면 어느 설이 옳은지 결말이 나겠지만, 실제로는 매우 어렵다. 특히 패러데이의 시절에는 이런 종류의 실험을 실제로 한다는 것은 불가능했다. 전자기학의 완성자인 맥스웰도 살아 있는 동안에는 장의 존재가 실험으로 증명

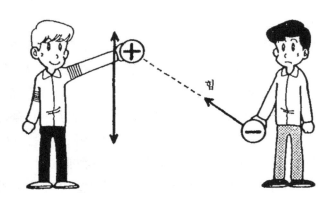

〈그림 2-16〉 매달력이라면 힘의 작용이 늦어진다

되는 것은 볼 수 없었다. 결말은 좀 더 뒤로 미루어진 것이다.

전기의 기본 법칙은 고작 두 가지

마지막으로 여태까지의 전기의 기본 법칙을 정리해 두기로 하자. 자기의 세계와는 분리하여 전기의 세계만으로 생각하는 한, 전기의 기본 법칙은 다음의 두 가지뿐이다.

1. 하전 입자는 그 주위의 공간에 용출, 흡수형의 전기장을 형성한다.
2. 전기장 속에 두어진 하전 입자는 전기장으로부터 힘을 받는다.

이처럼 전기의 세계가 불과 두 가지 법칙으로부터 이해할 수 있다는 것은 우리에게는 매우 큰 놀라움이 아니겠는가?

3장 자기장이란 무엇인가?

1. 자석의 정체를 캐다

자성유체에 자석을 접근시킨다

자석에 끌어 당겨지는 것은 보통 사철이나 못 등의 고체뿐인 듯이 생각되고 있지만, 반드시 그런 것은 아니다. 1965년에 미국의 파펠에 의해서 자성유체(磁性流體)라는 것이 만들어졌다. 이 유체에 자석을 접근시키면 커다란 아메바처럼 허우적거리며 움직인다. 자석을 더욱 가까이 접근시키면 유체는 자석에 밀착하고 반대쪽으로 삐죽삐죽 뿔을 내민다. 강한 자석을 접근시켰을 때일수록 가느다란 뿔이 가득히 나온다. 이 뿔이 도대체 무엇일까 하고 자세히 관찰하면, 그 형태로부터 자기력선(磁氣力線)의 모습을 가리키고 있는 것임을 알 수 있다.

이 유체를 수직 방향으로 흐르는 강한 직선 전류 주위에 두면 술술 전류를 따라서 위로 올라간다. 이것은 전류 주위에 자기장이 형성되어 있기 때문이다.

또 자성유체 속에 유리를 가라앉혀 두고 아래서부터 자석을 접근시키면 유리가 유체 위로 붕 뜬다. 정말로 재미있는 유체이다.

자성유체는 산화철 등의 작은 입자(지름이 100만분의 1㎜~100분의 1㎜)를 기름이나 물 등의 액체에 혼합한 것이다. 기름이나 물에 녹아 있는 것은 아니기 때문에 엄밀하게는 액체라고는 말할 수 없다. 그러나 입자가 매우 작기 때문에 언제까지고 분리되지 않는다.

자성유체는 아폴로 우주선이나 우주복의 실(seal)재료(틈새를 막는 것)로 사용되었다. 틈새를 딱 막아주기 때문에 컴퓨터나 클린 룸의 방진용으로도 이용할 수 있다. 또 마찰을 작게 하는 윤

〈그림 3-1〉 자성유체

활유의 구실도 하므로 회전축에도 이용할 수 있다.

자성유체는 엄밀하게는 액체라고 말할 수는 없지만, 순수한 액체라도 자석에 끌리는 것이 있다. 이를테면 액체 산소는 자석에 끌어 당겨진다. 산소로 부풀린 비닐 주머니를 액체 질소 속에 넣으면 액체 산소가 만들어진다. 이것에 강한 자석을 접근시키면 산소가 끌어 당겨지는 것을 실제로 볼 수 있다. 물론 산소가 기체 상태이어도 조금은 자석에 끌리지만, 이것은 관측하기가 어렵다.

자성체—자석의 영향을 받기 쉬운 정도

자연계의 모든 물질은 많건 적건 간에 자석의 영향을 받는다. 그중에서 철, 니켈, 코발트와 같이 자석에 강하게 끌리는 물질을 강자성체(强磁性體)라고 한다. 이 밖의 물질은 아주 근소하게나마 자석에 끌리거나 반발하거나 한다. 산소나 알루미늄

등은 자석에 아주 조금 끌린다. 이것들을 상자성체(常磁性體)라고 한다. 또 비스무트나 유리 등은 자석에 접근시키면 약간 반발한다. 이와 같은 물질을 반자성체(反磁性睡)라고 한다.

상자성체나 반자성체에 작용하는 힘이 평소에 관측되지 않는 것은 그 힘이 강자성체가 받는 힘의 1,000분의 1~100만분의 1이라고 하는 작은 것이기 때문이다. 그래서 이 둘을 뭉뚱그려서 약자성체(弱磁性騰)라고 부를 수도 있다.

자석에 관한 미신

자석 이야기를 하면서 영국의 길버트의 연구(1600년 『자석론』)를 언급하지 않을 수는 없다. 시인 드라이덴은 '자석이 끌어당기는 일을 그만둘 때까지 길버트의 명성은 살아남을 것이리라'라고 그의 업적을 칭송하고 있다.

자석이 철을 끌어당긴다는 것은 고대 그리스나 고대 중국 시대부터 알려져 있었는데, 자석과 철 사이에는 눈에 보이지 않는 매우 불가사의한 힘이 작용하고 있는 것으로 생각되었고, 자석의 효능에 관한 사실인 것 같은 그럴듯한 설명서가 날조되어 있었다.

길버트는 먼저 이들 미신을 조사하여 그것을 비판한다. 그의 『자석론』에서 몇 가지를 들어보자.

"자석은 마늘이나 다이아몬드에 약하고 그 근처에서는 기능을 상실한다."
"인도양에는 자석이 풍부한 암초가 있어서, 접근한 배의 못을 뽑아내 버린다."
"자석을 손에 쥐고 있으면 다리의 아픔이나 경련을 낫게 한다."

"여성에게서 오는 재앙을 몰아내고, 악마를 멀리한다."
"부부를 화합시키고, 아내를 남편에게로 다시 돌아오게 한다."

그 밖에도 많이 있는데, 떨어져 있는 곳으로부터 작용하는 자기력의 불가사의함이 이러한 미신을 만든 점이 매우 흥미롭다.

길버트의 텔루르란?

길버트는 이들 그릇된 미신은 선인들의 책을 아무런 검증도 없이 그대로 받아들였기 때문에 오랫동안 계승되어 온 것으로 생각했다. 그래서 그는 실험과 실증을 자신의 연구 핵심으로 삼았다. 『자석론』의 머리말 서두에는 다음과 같이 쓰여 있다.

"감추어진 사물을 발견하고 숨겨진 사물의 원인을 탐구하는 데 있어서, 틀림이 없을 듯하다는 억측이나 상식적으로 철학하는 사람들의 정식(定式)보다도, 한층 확실한 실험과 증명된 논증으로부터야말로 보다 견고한 논의가 얻어지는 것이다"

이처럼 실험으로 이론을 검증하는 방법이야말로 갈릴레이로 대표되는 근대 과학의 방법이다.

길버트의 최대 공적은 지구 자석(地球磁石)의 발견이다. 자석을 막대 모양으로 하면 남북을 가리킨다는 것은 예로부터 잘 알려져 있었고, 이것은 항해용 나침반으로서 이미 이용되고 있었다. 그러나 왜 자석이 남북을 가리키느냐는 문제는 해결되지 않았는데, 이를테면 다음과 같이 생각되고 있었다.

"철은 북극성으로부터 전달된 힘으로 북쪽 별로 향한다"
"큰곰(자리)의 꼬리 밑에는 자석이 있다"『길버트』

즉 길버트 이전에는 자석을 끌어당기는 극은 하늘에 있다고

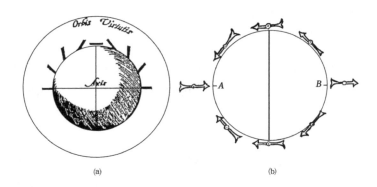

〈그림 3-2〉 길버트의 텔루르. 지구 자석에는 극이 있다

생각하고 있었다.

　이 하늘의 극의 존재를 부정하고, 지구가 커다란 자석이라는 것을 입증하기 위해서 길버트는 텔루르(Tellure)라고 하는 공 모양의 자석을 사용했다. 그는 이 텔루르를 작은 지구로 간주하고, 그 주위의 상태를 작은 자침으로 조사했다. 자침의 방향은 〈그림 3-2〉의 (a)와 같이 된다. 우와 좌에는 자극이 있고, 자극 부근에서는 작은 자침이 〈그림 3-2〉의 (b)와 같이 향한다.

　길버트에게는 이 텔루르는 지구의 모형이었기 때문에, 그는 텔루르와 같은 자극이 지구의 북극과 남극에 있다는 것을 실증할 수 있었다고 생각했다.

　지구 자석 성질 때문에 작은 자침을 가지고 있으면 간단한 방위를 알 수 있다. 북으로 향하는 자침의 극을 N극, 남으로 향하는 자극을 S극이라고 부른다(물론 N은 North, S는 South의 머리글자이다). 또 자석은 N극과 S극이 서로 끌어당기기 때문에 지구의 북극에는 S극이 있고, 남극에는 N극이 있다는 것이 된다.

그러나 지구의 자극은 기나긴 역사를 통해서 언제나 북극과 남극에 있었던 것일까?

대륙 이동의 수수께끼 풀이

길버트가 발견한 지구 자석은 항해나 등산에 도움을 주는 것만은 아니다. 1915년 독일의 베게너가 제창한 대륙이동설(大陸異動說)에 결정적인 증거를 제공한 것이 이 지구 자석이다.

남아메리카의 동해안과 아프리카의 서해안의 모습이 아주 많이 닮았다는 것은 지도를 보면 누구라도 알아챈다. 이처럼 대륙 형상에서 착상을 얻은 베게너는 현재의 5대륙은 옛날에는 판게아(Pangea)라고 하는 하나의 큰 대륙이었고, 그 각 부분이 분열하여 조금씩 이동해서 지금의 모습이 되었다는 대륙이동설을 제창했다.

그러나 이 대담한 가설은 대륙을 움직일 만한 커다란 힘의 원인이 밝혀지지 않은 채 학자들로부터 오랫동안 방치되어 있었다. 그런데 1950년대 후반부터 이 학설이 극적인 부활을 보게 된다. 그때 결정적인 역할을 한 것이 이 지구 자석이다.

지구의 자극은 현재는 북극과 남극 가까이에 있지만, 줄곧 그 자리에 있었던 것은 아니다. 기나긴 연대를 통해서 자극은 이동하고 있다. 이를테면 3억 년쯤 전에는 일본 열도 부근에 있었던 것으로 생각되고 있다.

어떻게 하여 그와 같은 자극의 이동을 알 수 있을까? 그 열쇠는 화성암 속에 있다. 화성암은 본래 용암이 굳어져서 만들어진 것인데, 굳어질 때 속의 철분이 지구 자석에 의해서 작은 자석으로 된다. 이 작은 자석은 각 시대의 지구의 자극 방향으

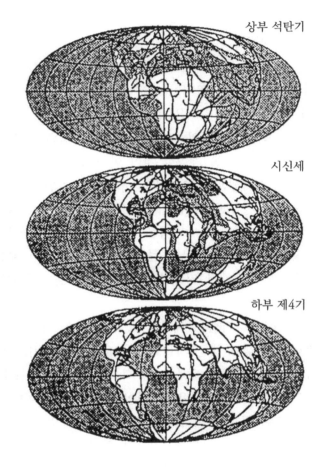

상부 석탄기

시신세

하부 제4기

〈그림 3-3〉 대륙 이동의 수수께끼 해명에는 지구 자석이 활약한다

로 향하기 때문에, 그 방향을 조사하면 각 시대의 지구의 자극
위치를 알게 된다. 그래서 여러 가지 연대의 화성암 속에 있는
작은 자석의 방향이 분석되고, 지구의 자극이 어떻게 이동해
왔느냐는 것이 조사되었다. 이 자극이 이동한 궤적은 당연히

어느 대륙의 화성암에서 조사해도 같은 것이 될 것이다.

그런데 뜻밖에도, 이렇게 밝혀진 지구 자극의 이동 궤적이 유럽 대륙의 화성암으로부터 추정된 것과 북아메리카 대륙으로 부터 추정된 것에서 약간 다르다는 사실을 알았다. 두 궤적은 닮은 곡선을 그리기는 하지만 근소하게 처져 있는 것이다. 이 발견이 대륙 이동설을 부활시키는 계기가 되었다.

처지는 원인은 무엇일까? 자극이 둘로 분열되어 있었다고는 생각할 수 없다. 그래서 북아메리카 대륙을 동쪽으로 이동시켜 서 유럽 대륙과 붙여 본즉, 이 두 궤적이 딱 들어맞게 겹쳐졌 다. 이 사실은 두 대륙이 옛날에는 하나였다는 사실을 가리키 는 강력한 증거가 된다. 이리하여 잊혀 있던 베게너의 대륙이 동설이 지구 자석의 연구 때문에 훌륭하게 부활하였던 것이다.

베게너 시대에는 알지 못했던 대륙을 움직이는 힘을, 현재는 대륙 밑에 있는 고온의 맨틀 이동에 의함을 알고 있다. 이 맨 틀의 더 깊숙한 곳에서는 지구가 고온 때문에 용해되고 있고, 그 유동 때문에 지구가 거대한 자석이 되는 것으로 생각하고 있다.

자기력은 원달력?

이야기를 본론으로 돌리자. 자석의 N극과 S극 사이에 작용하 는 인력, N극끼리 또는 S극끼리 작용하는 반발력은 어떠한 메 커니즘으로 작용하는 것일까? 떨어져 있는 자극 사이에 작용하 는 힘이라고 하는 것은 누구에게나 불가사의한 것이다.

이 문제에 대한 길버트의 생각은 다음과 같은 것이었다.

"자석은 많은 실험에서 경탄할 만한 것이며, 그것은 말하자면 생명을 지닌 것에 닮았다"『길버트』

 즉, 그는 자석 사이에 작용하는 힘은 자석 속의 생명 또는 영혼과 같은 것에 의한 것으로 생각했다. 이것은 1600년이라고 하는 시대적 제약일 것이다. 그는 실험과 검증을 중시했다고 앞에서 말했지만, 아무리 실험을 중시한다 한들 인간의 사고방식은 그 시대에서 벗어날 수는 없는 것이다.

 자기력에 대한 사고방식도 18세기 프랑스의 쿨롱에 이르면 꽤 세련되어 진다. 쿨롱은 긴 막대자석을 사용하여, 자극 사이에 작용하는 힘의 크기가 거리의 제곱에 반비례한다는 것을 확인했다. 또 그는 자석의 N극과 S극에는 전기의 경우의 전하와 마찬가지로 자하(磁荷)라고 하는 것이 저장되어 있다고 가정하고, 자기력의 크기가 두 자하의 곱에 비례한다는 것을 확인했다. 이것이 자기에 관한 쿨롱의 법칙인데 "자기력은 두 자하의 곱에 비례하고, 그 거리의 제곱에 반비례한다"는 것으로서 표현된다. 이 법칙은 이미 여러분이 알아챘듯이 전기에 관한 쿨롱의 법칙과 같은 형태이며, 또 뉴턴의 만유인력의 법칙과도 같은 형태를 하고 있다.

 자기력이 만유인력과 같은 형태의 법칙을 따르는 데서부터 전기력과 마찬가지로, 자기력도 원달력(도중에 매개물이 없이 작용하는 힘)이라고 하는 생각이 과학자들 사이에서 지배적인 것으로 된다. 확실히 자석이 떨어진 데에 있는 클립 등을 끌어당기는 상태를 보고 있으면 그사이에는 아무것도 없는 것처럼 보인다. 그러나 우리는 또 자석 위에 종이를 얹어 놓고 사철을 뿌리면, 사철이 아름다운 무늬를 형성하는 사실을 알고 있다. 이 무늬는 무엇을 가리키고 있을까?

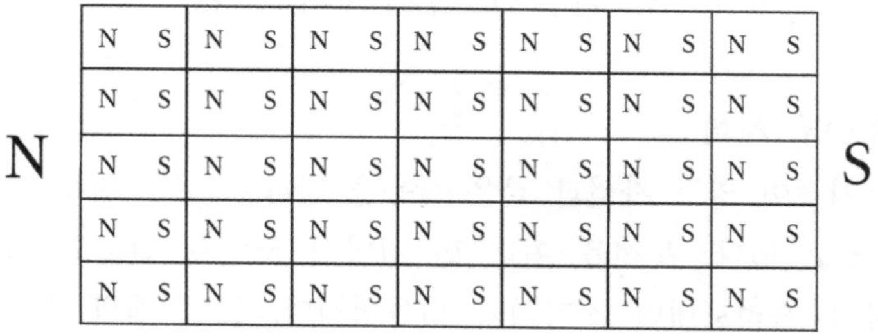

N															S
N	S	N	S	N	S	N	S	N	S	N	S	N	S		
N	S	N	S	N	S	N	S	N	S	N	S	N	S		
N	S	N	S	N	S	N	S	N	S	N	S	N	S		
N	S	N	S	N	S	N	S	N	S	N	S	N	S		
N	S	N	S	N	S	N	S	N	S	N	S	N	S		

〈그림 3-4〉 자석은 작은 자석의 집합

자석은 잘라도 역시 자석

이 문제는 잠시 뒤로 미루어 두기로 하고, 자석에 대해서는 누구나가 느끼는 불가사의한 성질이 있다. 그것은 자석을 둘로 절단하면 그것이 각각 또 N극과 S극을 가진 자석이 되고 N극만의, 또는 S극만의 자석으로는 절대 되지 않는다는 점이다. 전기의 경우에는 플러스(또는 마이너스)의 전하만을 끌어낼 수가 있기 때문에 이것은 자기의 특유한 현상이다. 어째서 단극(單極)인 자석은 만들어지지 않는 것일까?

자석을 절단했을 때, 그 조각이 또 자석이 되는 이유는 조금만 생각해 보면 예상이 간다. 즉 자석은 〈그림 3-4〉와 같은 작은 자석의 집합체라고 생각된다. 작은 자석이 매우 작은 것이라면 아무리 절단해도 단극인 자석은 만들어질 것 같지가 않다.

그러나 큰 자석을 구성하고 있는 이 작은 자석이란 무엇일까? 이것을 둘로 절단할 수 있다면 역시 단극 자석이 만들어지지 않을까? 이런 의문은 역시 남게 된다. 이 문제의 해결에는 새로운 법칙의 발견이 필요했다.

2. 전류가 자기장의 근원

초전도 자석

전자석이 영구 자석과 같은 작용을 한다는 것은 현재 누구나 다 알고 있다. 도선을 여러 번 감아서 코일로 만들고 여기에 전류를 흘려보내면 전자석이 만들어진다. 코일 속에 철 등의 강자성체를 넣으면 자석의 기능이 강해진다.

전자석은 모든 곳에 이용되고 있다. 집 안을 둘러보면 스피커, 이어폰, 마이크 등 외에 모터가 있는 장치(냉장고, 세탁기, 청소기, 에어컨, 선풍기 등)에는 모두 전자석이 사용되고 있다. 과대한 전류를 사용하거나, 누전이 있거나 했을 때 재빠르게 전류를 끊어 버리는 브레이커도 전자석의 작용을 이용하고 있다.

그러나 전자석으로서 가장 화젯거리가 되는 것은 초전도(超傳導) 자석일 것이다. 강력한 전자석을 만드는 데는 코일에 큰 전류를 흘려보내면 되는데, 이때 문제가 되는 것은 전류에 의한 발열(줄열)이다. 이 발열에 의한 에너지의 손실과 냉각장치의 필요성이 강력한 전자석을 만드는 방해가 된다.

이 문제를 단숨에 해결할 수 있는 현상이 1911년 네덜란드의 오네스에 의해서 발견되었다. 수은, 알루미늄, 납 등의 금속을 극저온으로 냉각하면 어느 온도에서 갑자기 전가 저항이 제로가 된다. 전기 저항이 제로가 되면 발열이 없어지고, 한번 흐른 전류는 감소하지 않고 언제까지고 계속해서 흐른다.

이 초전도 자석은 이미 리니어 모터카의 자기부상용(磁氣浮上用)이나, 소립자의 가속기용 자석으로써 이용되고 있다. 다만 지금까지의 문제는 초전도가 절대 0도에 가까운 저온에서밖에 실현되지 않았다는 점이다. 그 때문에 전자석을 냉각하는 데는 액체 헬륨(절대 온도로 4.35도 이하)이라고 하는 비싼 냉각제를 이용하지 않으면 안 되었다.

그러나 비교적 높은 온도에서 초전도를 나타내는 물질의 개발이 급속히 진보하고 있어, 앞으로의 연구가 진전되면 극히 넓은 범위에서의 응용(무공해 자동차, 플라스마 로켓, 전자 추진선 등)이 가능해진다.

외르스테드의 발견

이처럼 전자석의 활약에 돌파구를 튼 것은 1820년, 덴마크의 외르스테드에 의한 전류가 만드는 자기장의 발견이었다. 이 발견은 그때까지 별개의 현상이라고 생각되고 있던 전기와 자기를 처음으로 결부시킨 획기적이다. 또 이 발견을 계기로 하여 자기 분야에 자기장의 사고가 도입되었다.

전기와 자기 사이에 어떠한 관계가 있지 않을까 하는 추측은 외르스테드 이전부터 있었다. 그러나 누구도 그 관계를 발견할 수 없었다. 그것에는 나름대로 이유가 있다. 외르스테드 자신도 이 관계를 발견하려고 몇 번이나 실험을 시도해 보았지만 좀처럼 성공하지 못했다.

우리가 직선 모양의 전류와 자석 사이에 힘이 작용한다고 예상하고서 실험을 시도할 경우, 어떻게 전류와 자석을 배치할까? 우선 보통은 〈그림 3-5〉의 (a)와 같이 전류 옆에 자석을 두어서 인력이라든가 반발력이 작용하는지 어떤지를 조사할 것이다. 힘이라고 하면 우리가 우선 생각하는 것은 인력이나 반발력이다. 그러나 이와 같은 배치로는 자석에 작용하는 힘을

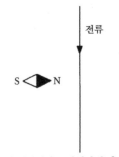

(a) 이 배치에서는 자침이 움직이지 않는다

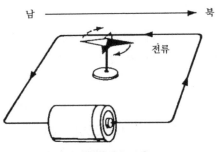

(b) 전류 밑에 자침을 두면,
자침이 직각으로 돌아간다

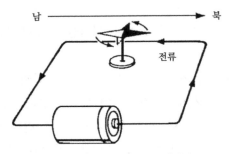

(c) 전류 위에 자침을 두면 반대로 돌아간다

〈그림 3-5〉 외르스테드의 실험

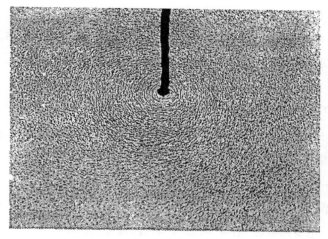

〈그림 3-6〉 직선 전류 주위의 자기력선의 상태

검출하기는 매우 힘들다.

자연은 우리의 예상을 흔히 뒤집는 일이 있다. 몇 번이나 실패한 뒤에 어느 때 외르스테드는 〈그림 3-5〉의 (b)와 같이 전류를 남북 방향으로 흘려보내고 그 밑에 자침을 두었다. 이때 처음으로 뚜렷한 효과가 나타났다. 전류가 그림과 같이 남으로 향하고 있을 때, 자침의 N극(북으로 향하는 극)이 뱅글 동쪽으로 회전했다. 다음에는 자침을 전류의 위쪽에다 두자(〈그림 3-5〉의 (c)). 그 N극은 서쪽으로 회전했다.

힘은 인력도 반발력도 아니었다. 그렇다면 최초의 배치(〈그림 3-5〉의 (a))일 때 자침은 왜 회전하지 않았을까? 전류를 세게 하여 자세히 관찰하면 자침의 N극이 약간 내려가고 S극이 약간 올라가는 것을 알게 된다.

전류 주위의 자기력의 상태를 한 눈으로 관찰하려면, 〈그림 3-6〉과 같이 수평으로 둔 종이를 꿰뚫고 나가게끔 전류를 흘려보내고 종이 위에 사철을 뿌리면 된다. 사철은 동심원 모양으로 아름답게 배열한다. 이것은 사철이 작은 자석으로 되어서 일제히 자기력이 작용하는 방향으로 정렬하기 때문이다.

자기력선과 자기장

전류 주위의 사철의 무늬를 자세히 관찰하는 가운데서부터 자기력에 대해서도 매달력의 사고, 즉 자기력선 자기장의 개념이 등장한다.

전류 주위의 자기력의 상태는 여태까지 사람들이 친숙해 온 인력·반발력과는 전혀 다르게 되어 있다. 인력과 반발력은 원달설의 입장에서 설명하기가 쉽지만, 전류 주위의 자기력은 설명하기 힘들다. 또 사철의 상태는 공간에 무엇인가 있다는 것을 암시하고 있다. 그 '무엇인가'를 자기장이라고 한다.

매달력의 입장에서부터 즉 자기장의 개념을 시용하여 전류 주위의 자기력을 설명하면 다음과 같이 된다.

1. 전류는 그 주위의 공간에 자기장을 형성한다.
2. 자기장 속에 두어진 자침은 자기장으로부터 힘을 받는다.

자기장의 방향은 자침의 N극에 작용하는 자기력과 같은 방향이라고 약속되어 있다. 또 자기장의 상태가 눈에 보이는 것처럼 자기력선을 그려낸다. 그 방향은 물론 자침의 N극으로 작용하는 힘의 방향이다.

오른나사의 법칙

전류가 만드는 자기장의 방향에 대해서는 오른나사의 법칙이

〈그림 3-7〉 오른나사의 법칙

라고 하는 아주 유명한 법칙이 있다. 오른나사라고 하는 것은 우로 돌리면 전진하는 나사를 말하며, 평소에 사용되는 나사는 대부분이 오른나사이다. 이를테면 전구도 우로 돌리면 속으로 들어가는 오른나사이다.

오른나사의 법칙은 〈그림 3-7〉을 보면 알기 쉽겠지만, 말로서 표현하면 다음과 같이 된다.

"직선 전류의 방향과 오른나사가 진행하는 방향이 일치하도록 전류와 오른나사를 둔다. 이렇게 하면 오른나사를 돌리는 방향이 그 전류에 의해서 만들어진 자기장의 방향과 일치한다."

즉

전류의 방향 ⇔ 오른나사의 진행 방향
형성된 자기장의 방향 ⇔ 오른나사를 돌리는 방향

이라는 대응 관계로 된다.

오른나사의 법칙은 매우 편리한 법칙으로서, 자기장의 방향에 대해서는 이 법칙만 기억해 두면 모든 경우에 적용할 수 있다.

다음에는 자기장의 세기를 생각해 보자. 직선 전류 주위의 자기장의 세기는 전류의 세기에 비례하고, 전류로부터의 거리에 반비례한다는 것이 실험으로 확인되어 있다.

즉 전류 I(암페어)로부터 R(미터) 떨어진 곳에서의 자기장의 세기는

$$B = \frac{\mu_0 I}{2\pi R} \left(\frac{\pi_0}{2\pi} \text{는 비례 상수} \right)$$

로서 나타내어진다. 자기장의 강약을 나타내는 기호 B는 관습적으로 자기력선속 밀도(磁氣力線束密度, 자속밀도라고도 한다)라고 불리며, 그 단위는 테슬라 T가 사용된다. 또 μ_0은 진공의 투자율(透磁率)이라고 불린다.

직선 전류를 원형으로 하면 한번 감은 코일이 만들어진다. 코일의 각 부분에 오른나사의 법칙을 사용하면 그 주위의 자기장의 상태가 〈그림 3-8〉의 (a)처럼 된다.

도선을 여러 번 감은 코일(솔레노이드)이 만드는 자기장의 모습은 역시 오른나사의 법칙을 각 부분에다 적용하면 〈그림 3-8〉의 (b)와 같이 되는 것을 알 수 있다.

코일의 내부에는 거의 균일한 자기장이 형성되어 있고, 외부에는 영구 자석과 같은 형태의 자기장이 형성된다. 따라서 전자석의 양쪽에는 영구 자석과 마찬가지로 N극과 S극이 형성되어 있다고 생각하면 된다. 코일 속에 철 등의 강자성체를 넣으면 자기장이 세어지고 전자석으로써 이용할 수 있다.

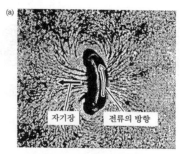

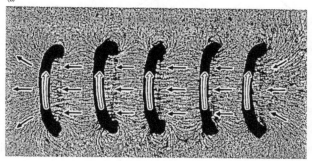

〈그림 3-8〉 원형 코일과 솔레노이드에 의한 자기장

영구 자석의 정체

영구 자석과 코일은 같은 자기장을 형성한다. 이것을 실마리로 하여 영구 자석의 정체를 생각할 수 있다.

영구 자석과 코일의 자기장에는 전적으로 차이를 볼 수 없기 때문에 이 둘은 같은 것이라고 하게 된다. 그러나 코일은 전류를 흘렸을 때만 자기장을 형성하고, 영구 자석은 항상 자기장을 형성해 있다. 전류가 자기장의 원인이라는 것이 명백하기 때문에, 영구 자석에는 코일과 마찬가지로 전류가 흐르고 있는 것으로 예상된다. 더구나 영구 전류가…

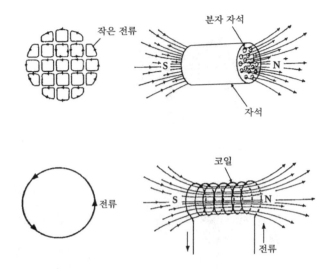

〈그림 3-9〉 영구 자석의 정체는 분자 자석의 작은 전류이다

그러나 영구 자석에 전류계를 대어 보아도 전류는 전혀 검출되지 않는다. 여기서 앞서 등장한 영구 자석은 극히 작은 자석의 집합체라고 하는 사실을 상기해 보자. 이 작은 자석은 실은 분자·원자 그 자체이다. 분자·원자에는 전류에 해당하는 것이 있다. 무엇일까? 그것은 곧 전자이다. 전자는 원자핵 주위를 회전하고 있고 또 그 자체가 자전하고 있는 것으로 생각된다. 실제로 철 등의 자석의 원인으로 되어 있는 것은 이 전자의 자전(spin)이다.

분자·원자의 자석으로부터 커다란 자석이 만들어지는 상태를 모형화하면 〈그림 3-9〉처럼 된다. 작은 전류가 많이 모이면 내부에서는 서로 상쇄하고, 바깥 둘레인 곳의 전류만이 남아서 그것이 코일의 전류와 같은 작용을 하게 된다.

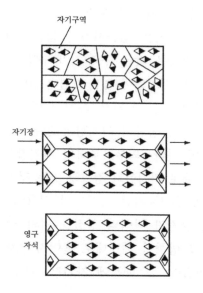

〈그림 3-10〉 영구 자석의 형성 방법

실제의 원자 속의 상태는 훨씬 더 복잡하지만, 이것으로 원리적으로는 영구 자석의 정체가 밝혀졌다. 자기장을 만드는 것은 영구 자석의 경우도 어디까지나 전류이다. 따라서 자기에 대한 쿨롱의 법칙에 나왔던 자하라고 하는 것은 정말은 존재하지 않는다는 것을 안다. 또 단극 자석이 만들어지지 못하는 이유도 이것으로 알 수 있다. 원형 전류는 반드시 양쪽에 N극과 S극을 만드는 것이니까 말이다.

자석이 되기 쉬운 것

철, 코발트, 니켈처럼 자석에 강하게 끌리는 물질을 강자성체라고 부른다는 것은 앞에서 언급했다. 여기서 강자성체가 자석에 끌리는 메커니즘을 생각해 보자.

강자성체에서는 자석을 접근시키지 않은 상태에서도 저마다의 분자 자석의 방향은 작은 구역[자기 구역, 또는 자구(磁區)라고 한다]마다 가지런히 배열되어 있다(그림 3-10).

이것이 자석이 만드는 자기장 속에 두어지면 제멋대로 흩어져 있던 자기 구역의 방향이 자기장과 같은 방향으로 가지런해져서 강한 자석이 된다. 외부로부터의 자기장을 제거해도 자기 구역의 방향이 그대로 가지런히 정렬해 있는 것이 영구 자석이다.

이것에 대해 알루미늄처럼 자석과의 작용이 극히 약한 물질(약자성체)에서는 분자가 자석의 성질을 거의 갖고 있지 않거나, 갖고 있더라도 그 방향이 제멋대로 흩어져 있어서 한 방향으로 가지런해지기 어렵다. 그 때문에 자기장으로부터 거의 힘을 받지 않는 것이다.

자기장은 순환형

직선 전류이든 코일이든 간에 전류가 만드는 자기장의 상태에는 한 가지 특징이 있다. 그것은 '자기력선에는 처음과 끝이 없고, 반드시 전류 주위만을 일주한다.'는 것이다. 직선 전류의 경우, 자기력선은 전류를 둘러싸는 원이 되고, 코일의 경우도 자기력선은 코일의 안팎을 일주하여 그 속에 여러 가닥의 전류를 포함한다. 이것은 자기력선, 즉 자기장의 본질적인 특징으로서 이와 같은 장을 순환형의 장이라고 한다.

자기장의 상태는 전기장과는 완전히 다르다. 전기장은 2장에서 알아본 것과 같이 용출·흡수형의 장이다.

직선 전류인 경우의 자기장의 형태는 유체의 소용돌이를 닮았다. 유체의 소용돌이 중심에 생기는 심을 소용돌이 줄(Vortex Filament)이라고 부르는데, 이 소용돌이 줄에 전류를 대응시키면 소용돌이의 회전이 자기장에 대응한다. 이 대응은 단순한 비유가 아니라, 유체의 소용돌이를 나타내는 수식과 자기장을 나타내는 수식은 형태상으로는 똑같다. 다만 아무리 닮았다고는 하더라도 자기장의 경우에는 물과 같은 유체가 공간을 흐르고 있는 것은 아니다.

그리고 영구 자석이 만드는 자기장은 얼핏 보기에는 N극에서부터 나가서 S극으로 들어가고, 그 사이는 단절되어 있듯이 보이지만 그렇지가 않다. 영구 자석의 내부에도 코일과 마찬가지의 자기장이 형성되어 있다. 이것은 영구 자석이 분자 자석의 작은 전류의 집합체라고 하는 것을 생각하면 당연한 일이다. 자기장이 순환적이라고 하는 것은 본질적인 일로서, 자기장을 만드는 것이 무엇이든 간에 성립한다.

3. 움직이는 전하에 작용하는 힘

스크루가 없는 고속선

스크루를 사용하지 않는 전자기 추진선(電磁氣推進船)의 연구가 추진되고 있다. 어떤 원리를 이용하는 것일까?

이 배는 해수 속으로 전류를 흘려보내고, 거기서부터 추력(推力)을 얻으려는 것이다. 다만 해수 속에 그저 전류를 흘려보내는 것만으로는 추력이 얻어지지 않는다. 전류가 흐르는 해수 부분에 강한 자기장을 걸어줄 필요가 있다. 강한 자기장을 만

98

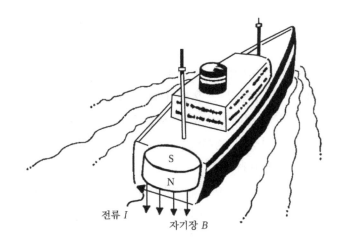

〈그림 3-11〉 전자기 추진선의 원리도

드는 데는 초전도 자석이 사용된다.

　자기장 속을 흐르는 전류는 자기장으로부터 힘을 받는다. 이 원리를 이용하려는 것이 전자기 추진선의 구상이다.

　또 하나 플라스마 로켓의 구상이 있다. 이것도 이온과 전자의 흐름에 자기장을 걸어서 추력을 얻으려는 것으로서 고속선과 같은 원리를 이용한다.

　자기장 속을 흐르는 전류나 하전 입자는 어떤 방향으로 어떤 크기의 힘을 받는 것일까?

모터의 원리

　전자기 추진선이라든가 플라스마 로켓 등이라고 하면 무엇인가 신기한 원리가 사용되고 있는 것이 아닐까 하고 생각할지 모르지만 그렇지는 않다. 이용되는 원리는 우리 주변에 얼마든지 있는 모터와 같은 것이다.

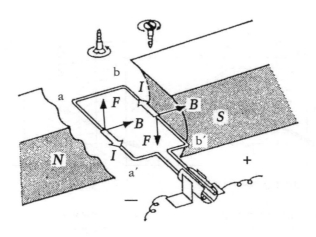

〈그림 3-12〉 모터의 원리

모터의 구조를 가장 알기 쉽게 보이면 〈그림 3-12〉와 같이
된다. 좌우에 영구 자석이 있고 오른쪽의 자기장이 형성되어
있다. 그 속에 직사각형의 코일을 두고 그림과 같은 방향으로
전류를 흘려보낸다.

이처럼 자기장 속에 전류를 흘려보내면 전류는 자기장으로부
터 힘을 받는다.

이것이 모터의 원리인데, 모터는 어느 방향으로 돌아갈까?
코일을 회전시키는 힘은 코일의 좌측 변과 우측 변에 작용하는
힘이다. 좌측 변(aa')을 흐르는 전류에 작용하는 힘은 어느 방
향일까? 이 전류가 자기장으로부터 받는 힘은 자기장에도 전류
에 대해서도 수직이고 상향으로 된다. 자기장과 전류에 수직인
방향은 위와 아래의 두 가지가 있다. 왜 하향이 아니고 상향일
까? 자연의 구조가 그렇게 되어 있다고밖에는 대답할 수 없을
는지 모르지만, 다음과 같이 생각하면 약간은 이미지를 파악하

100

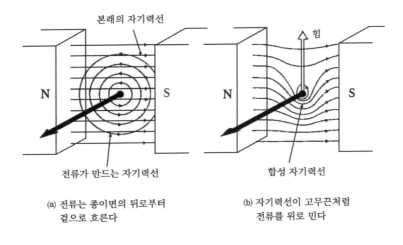

본래의 자기력선

전류가 만드는 자기력선

합성 자기력선

(a) 전류는 종이면의 뒤로부터
겉으로 흐른다

(b) 자기력선이 고무끈처럼
전류를 위로 민다

〈그림 3-13〉 전류가 자기장으로부터 받는 힘의 방향

기 쉬워진다.

자석에 의한 평행한 자기력선과 한 가닥의 직선 전류에 의한
원형의 자기력선을 〈그림 3-13〉과 같이 합성하여 본다. 그러면
자기력선은 전류의 아래쪽에서는 서로 보강하여 빽빽해지고,
위쪽에서는 서로 약화하여 옅어진다. 아래쪽의 빽빽해진 자력
선이 마치 고무 끈처럼 전류를 위로 밀어 올린다.

이 힘의 방향은 다음과 같이 기억하면 좋다.

지우개와 클립으로 모터를 만들자

자작으로 잘 돌아가는 간단한 모터를 만들어 보는 것도
재미있다. 굵기 0.4㎜ 정도의 에나멜선을 15번 정도 감아
서 그림과 같은 코일을 만든다. 코일의 양단 한쪽은 에나

멜을 전부 벗겨 내고, 다른 한쪽은 에나멜을 반 회전 몫만큼 벗겨 낸다. 지우개 위에 그림과 같이 펴서 늘인 클립을 2개 꽂고, 거기에 코일을 얹는다. 나머지는 클립에 전지를 접속하고 자석을 코일에 접근시키기만 하면 된다. 손가락으로 가볍게 코일을 누르면 그대로 뱅글뱅글 회전을 계속한다.

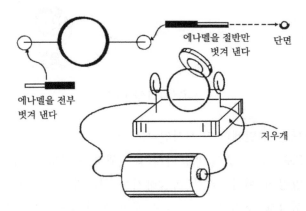

또 이 모터는 접점인 데서 전류의 방향이 역전하지 않는다. 완성되었거든 왜 돌아가는지를 생각해 보는 것도 재미있다.

편리한 IB의 법칙

전류가 만드는 자기장일 때와 마찬가지로 이번에도 오른나사를 사용한다. 먼저 나사의 머리면[드라이버를 대는 곳, (+)라든가 (-)의 홈이 새겨진 면]을 전류 I와 자기력선속 밀도 B의 화살표

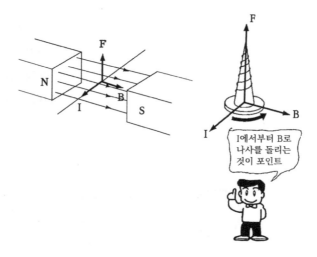

〈그림 3-14〉 IB 법칙

가 만드는 평면에다 일치시킨다. 그런 다음에 오른나사를 I에서
부터 B로 회전시켰을 때, 나사가 진행하는 방향이 힘 F가 작용
하는 방향이 된다. 약간 복잡하기는 하지만 〈그림 3-14〉를 보
면서 생각해 보기 바란다. 처음에는 하기 힘들지만 익숙해지면
이 법칙은 사용하기 쉽다.

이 법칙에는 이름이 없다. 이름이 없는 법칙은 기억하기 힘
들기 때문에 필자는 이 법칙을 'IB의 법칙'이라고 멋대로 부르
고 있다.

이 법칙을 이번에는 모터의 코일(그림 3-12)의 우측 변(bb')을
흐르는 전류에다 사용해 보자. 나사를 하향으로 두면 법칙의
조건이 만족하기 때문에 하향의 힘이 작용한다는 것을 알 수
있을 것이다.

모터의 코일은 이 두 가지 힘으로서 회전하고, 자기장에 수

직으로 되는 곳까지 가는데 이대로이면 거기서 멎어 버린다. 그래서 이 순간, 손 앞에 있는 전류의 접점이 뒤바뀌어져서 전류의 방향이 반대되도록 하고 있다. 그러면 이번에는 코일의 각 변에 작용하는 힘의 방향이 상하 반대가 되어서 코일이 다시 절반을 회전한다. 이하 마찬가지로 하여 코일이 뱅글뱅글 회전을 계속한다.

또 전자기 추진선의 원리가 모터와 같다는 것도 알았으리라고 생각한다. 〈그림 3-11〉에서 해수가 배의 뒤쪽으로 힘을 받는다는 것을 IB 법칙으로써 확인해 두자.

(주) 그리고 전류가 자기장으로부터 받는 힘의 방향을 나타내는 데에는 플레밍의 왼손법칙이 사용되는 일도 있다.

이 법칙에서는 왼손의 엄지손가락, 집게손가락, 가운뎃손가락을 서로 직각이 되게 하여

　　　엄지손가락 → 힘
　　　집게손가락 → 자기장
　　　가운뎃손가락 → 전류

와 대응하는 것이라고 기억한다. 이 법칙은 알기 쉽기는 하지만, 어느 손가락이 무엇에 대응하는가를 외우기 힘들다. 필자는 'FBI다. 손들어!' 하고 기억하고 있다. 왼손의 세 손가락을 직각으로 하여 피스톨인 것처럼 생각하고, 앞으로 향해서 엄지손가락부터 차례로 힘 F, 자기장을 나타내는 자기력선속 밀도 S, 전류 I라고 기억한다. 다만 이 FBI의 수사관은 왼손잡이라는 점에 주의해야 한다. 이 법칙을 이용해도 상관이 없지만, IB의 법칙 쪽이 많은 자연법칙에 나타나는 형태를 하고 있어서, 이

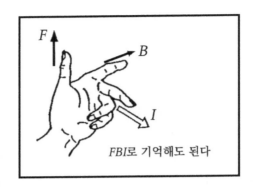

FBI로 기억해도 된다

책에서는 이것으로 설명해 나가기로 하겠다.

이것으로 전류가 자기장으로부터 받는 힘의 방향이 명확해졌는데, 다음에는 힘의 크기의 공식을 제시하여 두겠다. 힘의 크기는 자기장과 전류가 직교하고 있으면 자기장의 세기를 나타내는 자기력선속 밀도 B, 전류의 세기 I, 그리고 자기장 속에 있는 전류의 길이 ℓ에 비례한다.

즉

$$F = BI\ell$$

이 된다. 이 공식은 단순하고 알기 쉽다.

휘어지는 전자빔

전류가 자기장으로부터 힘을 받는다고 하는 것은 도선 속을 흐르고 있는 전자가 자기장으로부터 힘을 받는다는 것이다.

전자가 자기장으로부터 받는 힘을 손쉽게 보려면 워드프로세서나 마이크로컴퓨터의 디스플레이에 자석을 접근하면 된다.

자석의 영향으로 화면이 일그러진다. 이것은 브라운관 속을 달려가는 전자빔이 자기장으로부터 힘을 받기 때문이다. 자석을 움직이면 이것에 따라서 화면의 일그러짐도 움직이기 때문에 재미가 있지만, 지나치게 하면 디스플레이에 나쁜 영향이 나타나기 때문에 이 실험은 아주 약간에 그쳐 두는 것이 좋다.

전자빔뿐만 아니라 양성자라든가 이온 등 전하를 가진 입자라면 무엇이든지, 자기장 속을 운동하고 있을 때는 자기장으로부터 힘을 받는다. 이 힘은 로런츠 힘이라고 불린다. 입자의 운동 방향과 자기력선이 직교하는 경우, 그 크기는 입자의 전하를 q, 속도를 v, 자기력선속 밀도를 B로 하면

$$f = qvB$$

로 나타낼 수 있다. 힘의 방향은 전류의 경우와 같고 양전하를 가진 입자인 경우는 입자가 움직이는 방향을 전류의 방향으로 생각하여 IB의 법칙을 사용하면 된다. 또 전자와 같이 전하가 마이너스인 입자에서는 입자의 운동 방향과 반대 방향으로 전류가 흐르고 있는 것으로 하여 역시 IB의 법칙으로 힘의 방향을 결정할 수 있다.

텔레비전의 브라운관에서는 전자빔이 제어되어 매초 30회나 화면 전체를 주사(走査)한다. 이 제어에도 자기장으로부터의 힘이 사용되고 있다.

사이클로트론—하전 입자를 가속한다

자기장으로 들어간 하전 입자는 자기장으로부터의 힘으로 어떤 운동을 하는 것일까?

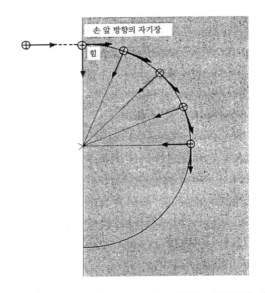

〈그림 3-15〉 자기장으로 뛰어든 하전 입자는 원운동을 한다

〈그림 3-15〉와 같이 종이 면에 수직이고 손 앞쪽의 자기장 속에 플러스의 하전 입자가 뛰어들면 어떻게 변할까? 자기장으로부터의 힘은 자기장과 입자의 진행 방향에 수직이다. 진행 방향으로 수직의 힘이 작용하면 입자의 속도는 변화하지 않고 그 운동 방향만이 변화한다. 입자의 속도가 일정하기 때문에 자기력의 크기도 항상 일정하다.

크기가 일정하고 진행 방향으로 수직인 힘이 작용하면 입자는 원운동을 한다. 이것은 인공위성이 원 궤도를 그리면서 지구를 회전할 때를 생각하면 알기 쉽다. 원 궤도 위를 도는 인공위성에 작용하고 있는 힘은 지구로부터의 일정한 크기의 만유인력뿐이며 그 방향은 언제나 진행 방향에 수직이다(인공위성

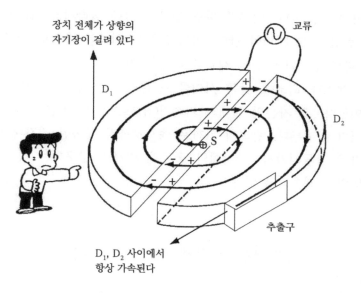

장치 전체가 상향의
자기장이 걸려 있다

교류

D_1

D_2

S

추출구

D_1, D_2 사이에서
항상 가속된다

〈그림 3-16〉 사이클로트론의 원리

은 궤도에 실리고 나면 물론 추력이 없어서 진행 방향의 힘은 존재하지 않는다).

소립자의 수수께끼를 탐구하는 현대의 대형 가속기는 자기장으로부터의 힘으로 입자에 원운동을 시킨다. 현대의 입자 가속기의 원형이 된 것은 미국의 로렌스가 1930년에 발명한 사이클로트론이다.

사이클로트론에서는 원의 중심 부근으로부터 하전 입자를 출발시킨다. 처음 입자는 작은 원 궤도를 그린다. 이 입자를 가속하기 위해서는 전기장이 이용된다.

〈그림 3-16〉처럼 2개의 D자형 전극을 수평으로 두고, 입자가 반회전할 때마다 전극의 플러스, 마이너스를 역전시켜 입자가 전극의 경계를 통과할 때 언제라도 진행 방향으로 전기력이

작용하도록 한다. 이렇게 하면 입자는 차츰 빨라지고, 원 궤도의 반경도 크게 되어 간다. 마지막에 이 입자를 밖으로 끌어내어 다른 입자와의 충돌 실험을 하는 것이다.

로렌스가 최초에 만든 사이클로트론은 지름이 불과 30㎝의 것이었다. 그 자손인 현대의 가속기(싱크로트론)는 지름이 수 킬로미터에 이른다. 광속에 가까운 속도로까지 가속된 전자나 양성자를 충돌시켜서, 자연계의 궁극의 법칙을 탐구하는 작업이 끊임없이 계속되고 있다.

4. 자기력은 어떻게 작용하고 있는가?

앙페르의 생각

이 장에서는 자기 현상을 설명하기 위해서 자기장이라는 개념을 크게 이용해 왔다. 자기장을 이용하는 태도, 즉 매달설에 입각하면 자기 현상은 다음의 두 가지 법칙으로서 설명할 수 있다.

1. 전류는 주위에 자기장을 만든다.
2. 자기장 속에 두어진 전류는 자기장으로부터 힘을 받는다.

그러나 자기력을 원달설의 입장에서부터 설명하는 것도 가능하다. 원달설의 입장에서는 프랑스의 앙페르의 의견을 들어 보기로 하자. 앙페르는 외르스테드의 전류 자기 작용의 발견 직후, 전류 사이에 작용하는 힘을 발견한 뛰어난 물리학자이다.

_"앙페르 씨, 당신이 한 발견에 관해서 설명해 주십시오."

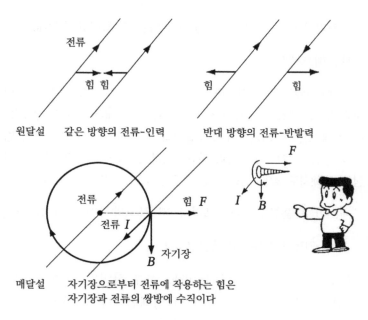

〈그림 3-17〉 원달력과 매달력의 차이

"내가 한 발견의 내용은 지극히 명쾌한 것입니다. 2개의 직선 전류가 있으면,

    같은 방향의 두 전류 사이에는 인력
    반대 방향의 두 전류 사이에는 반발력

이 작용하는 것입니다."

_"과연, 그래서 그 힘은 어떤 메커니즘으로 작용하는 것입니까?"

"힘은 전류 사이에 직접 작용합니다. 그것은 뉴턴의 만유인력과 같으며 두 물체를 잇는 직선 위에서 작용합니다. 도중의 매체는 필요하지 않습니다."

_"자기장을 사용해서도 이 힘을 설명할 수 있다고 하는데..."

"네, 해보세요."

_"네? 제가 하는 겁니까? 음, 전류가 반대 방향인 경우는 먼저 오른나사의 법칙을 사용하면, 좌측 전류에 의해서 우측의 전류가 있는 곳에 하향의 자기장이 형성됩니다(그림 3-17). 거기서 IB의 법칙을 사용하면 오른쪽의 힘이 작용합니다. 우측의 전류가 만드는 자기장에 대해서도 같은 일을 하면 전류는 서로 반발하게 됩니다.

"네, 아주 훌륭합니다. 그러나 꽤 사고방식이 복잡하군요."

_"네, 언제나 식은땀이 흐른답니다."

"확실히 자기장을 생각해서라도 전류 사이의 힘을 설명할 수 있지만, 내가 하는 설명 쪽이 더 명쾌합니다. 그뿐이 아닙니다. 우리는 물리 이론의 본보기로서 위대한 뉴턴이 창출한 역학 체계를 갖고 있습니다. 그 속에서는 물질 사이에 작용하는 만유인력에 의해서 모든 천체의 운동을 설명할 수 있습니다. 장이라는 생각은 사용하지 않습니다. 나는 전자기의 이론도 뉴턴역학과 같은 방법으로 만들어진다고 확신합니다."

자기의 기본 법칙

이처럼 자기력도 전기력과 마찬가지로 원달설과 매달설의 어느 입장으로부터도 설명할 수 있다. 현재로서는 이 두 입장에 대한 우열은 판단하기 힘들다. 그러나 현재 원달설이 통용되는 것은 이 장에서 다룬 것과 같은 전류가 변화하지 않는 정적인 자기 현상의 경우만이라는 것을 알고 있다. 매달설이 옳다는 것의 증명은 역시 다음 장 이하에서의 탐구 과제로 삼아야 하겠지만, 여기서는 매달설의 입장에 서서 자기의 기본 법칙을 정리해 두기로 하자.

자기에 관한 제1의 법칙은 '전류는 자기장을 형성한다'고 하는 단순한 것이다. 자기장은 전기장과는 달리 순환형이라는 것도 상기해 두자. 자기장의 방향은 오른나사의 법으로서 구해진다.

자기장의 원인은 어디까지나 전류에 있으며 전하에 해당하는 자하라는 것은 존재하지 않는다. 또 단극인 자석도 존재하지 않는다. 영구 자석에 의한 자기장은 전자의 스핀에 의한 전류가 원인이라고 생각된다.

제2의 법칙은 '전류(움직이는 하전 입자)는 자기장으로부터 힘을 받는다'고 하는 것이다. 힘의 방향은 IB의 법칙으로써 얻어진다.

정자기의 기본 법칙은 이 두 가지뿐이다. 이것으로 전기와 합쳐서 기본 법칙은 네 가지로 되었다.

여태까지의 정적인 현상에서는 2장의 전기의 법칙과 3장의 자기의 법칙은 서로 독립되어 있고, 전기장과 자기장은 관계가 없다.

그러나 전기장이나 자기장이 시간과 더불어 변화했을 경우는 어떻게 변할까? 이때 전기장과 자기장이 서로 얽히고설킨 현상이 나타난다. 그것이 이제부터 살펴볼 전자기 유도, 교류, 전자기파이다. 전기장과 자기장이라고 하는 두 배우의 공연에 의해서 무대는 바야흐로 절정을 맞게 된다.

4장 전자기학 최대의 발견
—전자기 유도

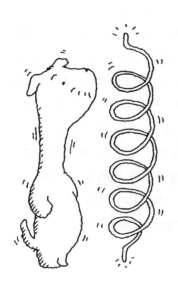

1. 자기로부터 전류를 만든다

워크맨으로 라디오 카세트를 돌리게 한다

워크맨(소니 회사의 상표)에는 스피커가 달려 있지 않다. 당연히 워크맨에 음악 테이프를 넣어도 이어폰을 귀에 대지 않으면 음악이 들리지 않는다. 워크맨으로 라디오 카세트의 스피커에 소리를 내게 할 수는 없을까?

워크맨의 이어폰 단자에 코일을 접속한다. 마찬가지로 스피커가 달린 라디오 카세트의 마이크 단자에 또 하나의 코일을 접속한다. 두 코일을 접근시켜 평행으로 하여 둔다. 먼저 워크맨의 테이프를 돌린다. 그리고 라디오 카세트의 스위치를 넣는다. 그러면 라디오 카세트의 스피커로부터 음악이 들려온다.

두 코일의 위치나 방향을 여러 가지로 바꾸어서 음악이 들리는 상태를 조사해 보는 것도 재미있다.

스피커로부터 음악이 들리는 비밀은 물론 2개의 코일에 있다. 코일을 멀리 떼어놓아 버리면 음악이 들리지 않는다. 두 코일 사이에 무엇이 일어나고 있는 것일까? 그 비밀은 4장의 주제인 전자기 유도(電磁氣誘導)에 있다.

자석을 띄운다

초전도 상태로 된 물질 위에 강한 자석을 접근시킨다. 그러면 자석은 초전도체에 반발 되어서 공중에 정지한다. 초전도가 우리와 가까워지고 있는 요즈음에는 이와 같은 장면을 텔레비전이나 또는 실제로 본 사람도 많을 것이다.

그러나 초전도체는 왜 자석을 반발할까? 초전도체란 무엇인

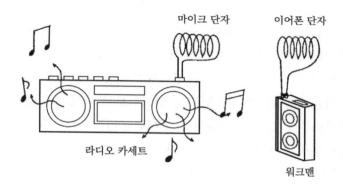

<그림 4-1> 워크맨으로 라디오 카세트의 스피커를 울리게 한다

가 특별한 자기적인 성질을 가진 물질일까? 이 현상의 비밀도 전자기 유도에 있다. 전자기 유도는 현대 사회에서는 매우 널리 이용되고 있다. 그중에서도 최대의 응용은 무엇보다도 발전 (發電)이다. 발전 원리의 발견이 없었더라면 오늘날의 전기 문명 (電氣文明)은 존재하지 않는다. 그래서 먼저 전자기학 사상 최대 의 발견이라고 일컬어지는 영국 패러데이의 전자기 유도 발견 의 드라마를 살펴보기로 하자.

자기로부터 전류를 만드는 데는?

전류가 자석에 힘을 미친다고 하는 외르스테드의 발견을 알 게 되면, 누구라도 한 가지 아이디어를 착상하게 된다. 전류로 부터 자기가 만들어지는 것이라면 그 반대로 자기로부터 전류 를 만들 수는 없을까? 이와 같은 아이디어를 착상한 사람은 패 러데이 말고도 많이 있었다. 그러나 아무도 자기로부터 전류를 만드는 일에는 성공하지 못했다. 다름 아닌 패러데이 자신도 여러 가지로 시도해 보았지만 좀처럼 성공할 수 없었다. 그 이유가 어디에 있는가 하면 자기로부터의 전류가 만들어지는 방법이 사람들의 예상과는 크게 달랐었기 때문이다. 우리는 이와 비슷한 사태를 외르스테드의 발견에서도 한 번 경험하고 있다. 자연계는 인간의 예상을 뒤집는 의외성으로 가득 차 있다.

자기로부터 전류를 만들려고 할 때 우리는 어떤 실험을 시도할까? 우선 생각되는 것은 도선 곁에 자석을 두어 보는 일이다. 그러나 자석을 되도록 세게 하고 도선을 코일 모양으로 감아도 전류는 얻어지지 않는다.

그다음에 생각되는 것은 2개의 코일을 만들어서 한쪽에 전류를 흘려 자기장을 만들고, 그 자기장에 의해서 다른 한쪽 코일에 전류를 발생시킬 수는 없을까 하는 일이다. 그러나 이것도 잘 안 된다. 한쪽 코일로 흘려보내는 전류를 아무리 세게 해도 또 하나의 코일에는 전류가 나타나지 않는다.

발견은 뜻밖인 데서 왔다

패러데이는 〈그림 4-2〉와 같은 연철 고리에 A, B 2개의 코일을 감은 장치를 만들고, 자기로부터 전류를 만드는 시험을 반복하고 있었다. B쪽 코일로부터의 도선은 떨어진 곳에서 자침 근처를 통과하게 되어 있고, 자침의 움직임으로 전류를 포착할 수 있게 되어 있다. 몇 번이나 반복된 실패 후에 마침내 성공했다. 패러데이가 A쪽 코일에 전지를 접속한 순간, 그의 예리한 관찰력은 자침의 극히 미세한 진동을 발견했다.

1831년 8월 29일의 그의 일기에는 다음과 같이 담담하게 기록되어 있다.

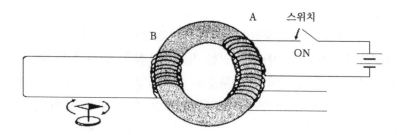

〈그림 4-2〉 패러데이의 발견.
스위치를 넣은 순간 자침이 미세하게 흔들렸다

"A코일 중 1개의 양단에다 전지를 접속했다(A코일은 3개의 코일로 구성된다). 그 순간 자침에 작용이 감지되었다. 자침은 진동했다가 마지막에는 본래의 위치로 안정된다. A코일의 전지의 접속을 끊었을 때도 자침은 작용을 받는다."

"A쪽 코일을 하나로 통합해서 그 전부에다 전류를 흘려보낸다. 자침에의 영향은 전보다 훨씬 크다."(나카야마 씨의 『전자기 유도』 중 패러데이의 실험 일기에서 인용. 이하 같음)

이 전류가 형성되는 방법은 사람들의 예상을 뒤집는 것이었다. 기대하고 있었던 것은 정상적인 전류였다. 그러나 패러데이는 말한다.

"B로부터의 도선에는 영속적인 또는 특별한 상태는 생기지 않는다. A쪽의 접속을 이었다, 끊었다 하는 순간에 일어나는 전기의 파동에 의한 효과가 나타날 뿐이다."

이리하여 B코일에 전류가 발생하는 것은 A코일에 전류를 흘렸다, 끊었다 하는 순간, 즉 A코일의 전류가 급격히 변화할 때뿐이라는 사실이 판명되었다. 아무리 강한 전류를 흘려보내도 그것이 변화하지 않으면 안 되는 것이다.

패러데이는 어떤 착상으로부터 이 전자기 유도의 발견에 도달했을까? 아니면 아주 우연한 일로 자침의 움직임을 발견한 것일까? 그의 일지에는 아무것도 씌어 있지 않다. 그러나 이 발견을 그의 단순한 행운으로 돌려 버릴 수는 없을 것이다. 아마 전류를 넣었다, 끊었다 하는 순간에 자침이 움직이는 것은 다른 사람도 보았을지 모른다. 그러나 인간은 자신의 예상과 다른 현상을 사실로써 인정한다는 것은 좀처럼 할 수 없는 일이다. 예상밖의 현상은 어떠한 오동작으로서 처리되고 마는 경우가 많다. 자침의 미세한 진동을 본질적인 형상이라고 꿰뚫어 본 패러데이의 통찰력과 유연한 사고력은 역시 칭찬할 만한 값어치가 있다.

패러데이라는 인물

"내가 받은 교육이라고는 보통 학교에서 하는 읽기, 쓰기, 산수의 기본뿐인 아주 평범한 것에 지나지 않았습니다. 학교에 있을 때 이외는 대개 집이나 길에서 시간을 보냈습니다."

가난한 대장간 집의 아들로 태어난 패러데이는 정규 교육을 받을 수가 없었다. 그는 12살 때부터 책 가게의 사환으로 일했고, 나중에 제본소에서 일정한 기간 기술을 익히는 고용살이를 했다. 그에게 공부를 가르쳐 준 것은 일하는 짬짬이 읽는 백과사전과 과학 계몽서였다. 그는 손수 만든 장치로 과학 실험을 하고 있었다.

20살 때, 생애 최대의 행운이 그를 찾아왔다. 책 가게의 단골손님으로부터 당시 최고의 화학자이던 왕립 연구소의 험프리

〈그림 4-3〉 전자기 유도의 발견자.
패러데이(1791~1867)

데이비 경의 강연을 들을 수 있는 입장권을 선물 받았다. 험프리 경의 4회에 걸친 강연을 열심히 들은 패러데이는 집에 돌아와서 그 내용을 모조리 노트에 기록했다.

그는 이 노트를 깨끗이 제본하여 험프리 경에게 편지를 써서, 자기를 그의 실험 조수로 채용해 달라고 부탁했다. 험프리 경은 패러데이의 노트를 받아보고 감동받았다. 얼마 후 패러데이는 조수로 채용되었다.

이것은 정말로 기적이다. 계급 제도가 엄격한 영국에서는 하층 계급의 학력도 없는 청년이 과학 연구의 세계로 발을 들여놓기란 생각조차 할 수 없었기 때문이다. 실은 패러데이는 14살 때에 비슷한 체험을 했었다. 제본소의 주인이 보수를 지불할 수 없는 그를 무료로 일정 기간 채용해 주었다. 패러데이에게는 사람의 호의를 끌어내는 무엇이 있었던 것 같다.

화학 실험 조수로 채용된 패러데이는 실험 장치를 조작하는 솜씨의 뛰어남과 이해가 빠르고 일에 대한 열성과 정확성에서 데이비를 놀라게 했다.

패러데이는 오랜 실험 조수로서 일하는 짬짬이 전기 연구를 계속하여 30살 때, 자기력에 의해서 회전하는 전동기(즉 원시적인 모터)를 만들어, 일약 온 유럽에 그 이름이 알려지는 과학자가 되었다.

1831년 40살 때, 패러데이는 9년 동안 연구해 왔던 전자기 유도 현상을 마침내 발견했다. 이것은 영구히 역사에 남을 그의 업적이다. 패러데이는 그 후 왕립협회의 회원이 되어 일생을 연구에 바치게 되는데, 마지막까지 경제적인 성공을 추구하지 않았다. 그는 발전(發電)의 원리인 전자기 유도를 비롯하여 수많은 업적을 남기면서도 단 한 건의 특허도 내지 않았다. 돈을 가장 중요시하는 현대인에게는 믿기 어려운 일일는지 모르지만, 그가 가장 소중히 했던 것은 과학 연구 그 자체였다.

역선의 이미지를 만들다

학력이 없는 패러데이는 수학을 몰랐다. 후에 맥스웰은 패러데이를 연구하고 평하기를 "패러데이가 수학자가 아니었다는 것은 아마도 과학에서 행운이었을 것이다"라고 말했다. 이 말은 과연 명언이다.

수학을 몰랐던 패러데이가 어떻게 전자기 현상을 해명했을까? 그가 이용한 것은 역선(力線, 자기력선과 전기력선)의 이미지이다. 전자기의 실험을 할 때 그의 머릿속에는 역선이 춤추고 있었다. 다른 과학자에게는 아무것도 존재하지 않는 것처럼 보

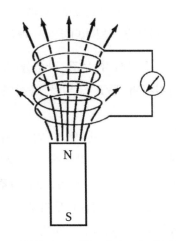

〈그림 4-4〉 코일 가까이에서 자석을 재빠르게 움직이면 코일에
유도 전류가 발생한다

였던 공허한 공간에는 역선이 넘치고 있었다. 전류와 자석 주
위의 자기력선, 대전한 콘덴서의 극판 사이의 전기력선, 이들
역선이 그려내는 곡선을 통하여 패러데이는 전자기 현상을 이
해하고 설명했다. 패러데이는 우리에게 자연을 탐구할 때의 이
미지의 중요성을 가르쳐 주고 있다.

자석에 의한 전자기 유도

두 코일 사이의 전자기 유도의 발견을 돌파구로 하여 패러데
이는 잇달아 전자기 유도의 여러 가지 변화를 발견한다.

자석과 코일 사이에서는 어쩌할까?

"...자석의 한끝을 코일의 원통 끝에 끼어들 수 있게 해 두고서
전체를 단숨에 꽂아 넣는다. 검류계의 바늘이 움직인다. 다음에 이것

을 뽑아내면 바늘이 반대 방향으로 움직인다. 이 효과는 자석을 넣었다, 뺐다 할 때마다 반복된다(이하 다시 패러데이의 실험일기로부터).

이것은 코일을 정지시켜 두고 자석을 움직였을 경우이다. 반대로 자석을 정지시켜 두고 코일을 움직여도 전자기 유도가 일어난다.

'코일 또는 원통을 자석에 닿지 않게 주의하면서 자석 쪽으로 또 멀어지게끔 움직여도 검류계에 작용이 인정되었다.' 패러데이에 의한 여러 가지 전자기 유도의 발견은 이것에만 그치지 않지만, 이 이야기는 일단 접어 두기로 하고, 모든 전자기 유도에 공통되는 법칙을 살펴보기로 하자.

2. 전자기 유도의 법칙

자기장의 변화야말로 원인

우선 여태까지의 전자기 유도를 정리해 두기로 하자.

제1의 경우는 두 코일의 한쪽 전류를 변화시켰을 때, 다른 쪽에 유도 전류가 발생하는 것.

제2의 경우는 자석과 코일의 한쪽을 다른 쪽에 대해서 움직였을 때, 코일에 유도 전류가 발생하는 것.

이 두 전자기 유도에 공통적인 현상은 무엇일까? 여기서 공간에 존재하는 자기장·자기력선이 위력을 발휘한다.

두 코일의 경우, A코일에 전류가 흐르면 자기력선은 쇠고리를 따라서 B코일을 관통해 간다. 스위치를 넣거나, 끊거나 하면 B코일을 관통하는 자기력선이 불어나거나 준다.

자석과 코일의 경우도 마찬가지이다. 코일에 자석을 접근시켰다, 멀리했다가 하면 코일을 관통하는 자기력선이 불어나거나 준다.

이 자기장의 변화가 유도 전류의 원인이다. 그래서 자기장의 변화와 유도 전류의 관계를 조사해 보자.

자석과 코일의 경우, 자석을 빠르게 움직일수록 유도 전류가 크다. 2개의 코일인 경우는 코일에 강한 전지를 접속하여 스위치를 넣었다, 끊었다 하는 편이 유도 전류가 크다. 자세히 조사해 보면 전자기 유도의 효과는 코일을 관통하는 자기장의 변화 속도에 비례한다는 것을 알 수 있다.

다음에는 유도 전류가 생기는 쪽의 코일에 감아주는 수(捲數)를 증가시켜 본다. 코일에 감아주는 수가 많을수록 유도 전류가 크다. 감는 수를 많게 한다는 것은 코일이 에워싸는 면적을 늘려 주는 것과 같다. 한 번 감는 것을 두 번 감는 것으로 하면 자기장이 관통하는 코일의 면적이 2배가 되고 유도 전류도 2배가 된다. 즉 전자기 유도의 효과는 유도를 받는 코일의 면적에 비례한다.

이리하여 전자기 유도의 효과는 자기장의 변화 속도와 코일이 에워싸는 면적의 양쪽에 비례한다는 것을 알았다.

전자기 유도를 설명하는 새로운 물리량

이 두 가지 효과를 하나의 법칙으로 통합하기 위해서 새로운 물리량(物理量)을 도입하기로 하자. 코일을 관통하는 자기장의 세기를 나타내는 것은 자기력선속 밀도 B(단위: 테슬라)라는 양

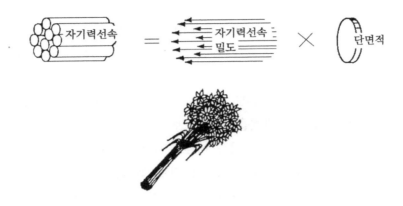

〈그림 4-5〉 자기력선속이란 꽃다발과 같은 것

이었다. 자기장이 코일의 면을 수직으로 관통할 때, 이 자기력선속 밀도 B에 코일의 단면적 S(제곱미터)를 곱한 양을 코일을 관통하는 자기력선속(磁氣力線束)이라 부르고 $\varnothing$라는 기호로서 나타낸다. 자기력선속의 단위는 웨버(Wb)라고 불린다.

즉

자기력선속 = 자기력선속 밀도×코일의 단면적

$\varnothing = B×S$

이다. 자기력선속이라는 말은 좀 친숙해지기 힘들지만, 꽃다발이라는 말과 같은 것으로 자기력선의 다발이라고 생각하면 알기 쉽다. 흔히 이것을 줄인 말로 자속(磁束)이라 부르기도 한다. 자기장이 세고(즉 자기력선이 빽빽하고), 코일의 면적이 클수록 코일을 관통하는 자기력선의 개수가 많고 자기력선속이 크다는 것이 된다.

이 자기력선속이라는 새로운 양을 사용하면 전자기 유도의 효과는 자기력선속의 변화 속도에 비례한다고 하는 하나의 문장으로서 표현할 수 있다. 전자기 유도의 효과란 전지와 마찬가지로, 회로에 전류를 흘려보내려는 작용을 말하는 것으로서, 이것은 기전력(起電力, 또는 기전압)이라고 불린다.

이리하여 유명한 패러데이의 전자기 유도의 법칙이 얻어졌다. 즉 전자기 유도에 의한 기전력은 코일을 관통하는 자기력선속의 변화 속도에 비례한다.

이 법칙을 식으로 나타내려면 좀 어려워지지만, 중요한 법칙이므로 참고삼아 적어 두기로 한다.

유도 기전력의 크기

$$V = \left| \frac{\Delta \Phi}{\Delta t} \right| \ (\,|\ |\text{는 절대값의 기호})$$

식은 간단하지만, Δ(델타)라는 기호에 익숙하지 못한 사람에게는 알기 힘들다. Δ라고 하는 기호는 단독으로는 의미가 없고, 그 뒤에 오는 문자와 더불어서야 비로소 의미가 있다. Δ는 그 뒤에 오는 양의 작은 변화를 나타내는 것으로서, Δt는 시간 t의 작은 변화를 나타내고, $\Delta \Phi$는 그동안의 자기력선속 Φ의 변화를 나타낸다. 따라서 $\frac{\Delta \Phi}{\Delta t}$는 자기력선속의 변화 속도를 나타내는 것이 된다.

그리고 독자는 4장 서두의 워크맨으로 라디오 카세트의 스피커를 울리게 하는 실험에서 무엇이 일어났었는지 이미 알고 있으리라 생각한다. 워크맨의 이어폰 단자에 접속한 코일에는 음성전류(音聲電流)가 흐른다.

이 전류는 변화하고 있음으로 코일이 만드는 자기장도 변화한다. 이 변화하는 자기장(자기력선)이 라디오 카세트의 코일을 관통한다. 이 때문에 라디오 카세트의 코일에 유도 전류가 흐르고, 그것이 마이크 단자로부터 라디오 카세트로 들어가서 스피커를 울리게 하는 것이다.

렌츠의 법칙은 심술궂은 청개구리?

전자기 유도에는 또 하나의 중요한 법칙이 있다. 그것은 유도 전류의 방향에 관한 법칙이다.

코일을 관통하는 자기력선속이 불어났다, 줄었다 했을 때 코일에 흐르는 유도 전류의 방향은 어떻게 변할까? 〈그림 4-6〉의 보기로서 생각해 보자. 2개의 레일 위에 차바퀴가 실려 있다. 레일은 왼쪽 끝에서 연결되어 있다. 이것으로 차바퀴의 축과 합쳐서 직사각형의 코일이 형성되어 있는 것으로 된다. 이 레일에 상향의 자기장을 걸어둔다.

이제 차바퀴의 외부로부터 힘을 가해서 오른쪽으로 끌어당기면 전자기 유도가 일어나고, 코일에 유도 전류가 흐른다. 어째서일까? 이 경우 코일을 관통하는 자기장의 세기는 변화하지 않지만, 코일의 면적이 불어난다. 즉 코일을 관통하는 자기력선속(자기력선속 밀도×면적)이 증가한다. 이때 코일에는 어느 쪽 방향으로 돌아가는 유도 전류가 흐를까? 이것이 지금 생각하고 있는 문제이다.

코일을 위에서부터 보았을 때 전류가 좌회전(반시계방향으로 회전)으로 발생하는 것이라고 가정하고 생각해 보자. 그렇게 하

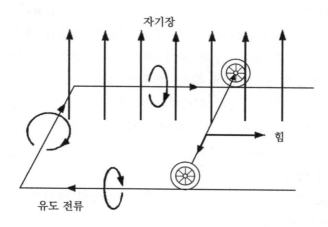

〈그림 4-6〉 렌츠의 법칙. 자기력선속의 변화를 방해하는 방향으로 유도
전류가 생긴다

면 이유도 전류에 의한 자기장은 코일의 내부에서 상향으로 된
다(오른나사의 법칙). 차바퀴를 끌어당김으로 하여 이미 상향의
자기력선속은 증가 중이다. 이것에 유도 전류에 의한 자기력선
속이 가해져서 자기력선속의 증가가 가속된다. 그렇게 하면 전
자기 유도는 더욱 커지고 점점 더 전류도 증가한다. 이렇게 하
여 변화가 변화를 불러와서 얼마든지 큰 전류가 제멋대로 발생
하게 된다. 하지만 이런 일이 과연 일어날 수 있는 것일까?

자전거의 페달을 밟아서 가속하려 할 때 자전거가 스스로 자꾸
만 가속해 준다면 아주 편하다. 그러나 이와 같은 일은 물론 일
어나지 않는다. 물체는 가속하려 하면 반드시 저항한다. 반대로
감속을 하려 해도 그것에 저항한다(차는 갑자기 정지하지 못한다!).

전자기 유도에서도 사태는 같다. 코일을 관통하는 자기력선
속이 증가하려 하면 이것을 방해하는 것이 자연의 성질이다.

따라서 〈그림 4-6〉의 경우 코일을 관통하는 상향의 자기력 선속 증가를 방해하려는 듯이 유도 전류가 발생할 것이다. 그 방향은 코일을 위에서부터 보아 우회전(시계 방향)이 된다. 우회 전의 전류가 흐르면 이 유도 전류에 의해서 코일을 하향으로 관통하는 자기력선속이 형성되고, 이것이 차바퀴의 운동에 의한 상향의 자기력선속 증가를 방해하는 것이다.

이상과 같이하여 결정되는 유도 전류의 방향을 정리한 것이 렌츠의 법칙이다.

유도 전류는 코일을 관통하는 자기력선속의 변화를 방해하는 방향으로 발생한다.

렌츠의 법칙은 처음에는 좀 친숙해지기 힘들지만, 익숙해지면 매우 편리한 법칙이다. 이 법칙만으로 모든 유도 전류의 방향을 예측할 수 있다.

이를테면 〈그림 4-6〉에서 차바퀴를 왼쪽으로 움직이면 코일을 관통하는 상향의 자기력선속이 줄기 때문에 유도 전류는 상향의 자기력선속을 만들어 이 감소를 방해하려 하므로 좌회전으로 흐르게 된다.

3. 활약 장소가 많은 전자기 유도

수동 발전기

수동 발전기라고 하는 재미있는 도구가 있다. 파일럿램프(6V용)를 접속하여 글자 그대로 손으로 돌리면 전구가 켜진다. 수동 발전기 2대를 접속하여 1대의 핸들을 돌린다. 또 1대의 핸

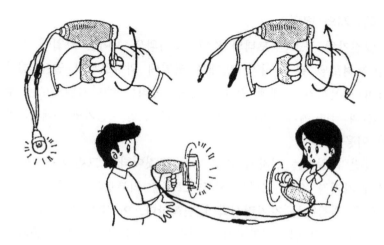

〈그림 4-7〉 수동 발전기

들은 자유로이 놓아두면 제멋대로 돌아가기 시작한다. 이때 1
대는 발전기, 다른 1대는 모터로서 작용하고 있다. 모터와 발
전기는 구조가 같고 그 작용 방법이 반대이다.

또 한 가지 재미있는 실험을 할 수 있다. 수동 발전기에 파
일럿램프를 접속했을 때와 접속하지 않았을 때의 발전기를 돌
릴 때의 저항감을 비교해 본다. 파일럿램프를 접속했을 때가
분명히 핸들이 무겁다. 이것은 자전거의 발전기를 돌릴 때, 라
이트가 끊어져 있으면 페달을 밟을 때의 저항감이 적은 것과
마찬가지이다.

발전은 전자기유도 최대의 응용인데, 발전의 핵심은 에너지
의 변환이다. 에너지의 변환에다 초점을 맞추어서 발전의 메커
니즘을 살펴보기로 하자.

에너지의 변환

발전기의 구조는 모터와 같다. 모터와의 차이는 코일에 전류를 흘려보낼 뿐 아니라, 반대로 코일에 외부로부터 일을 첨가하여 회전시키는 데에 있다. 코일을 돌리는 에너지원으로는 수력(물의 낙하 에너지)이나 화력·원자력(고온인 수증기의 에너지) 등이 이용된다.

발전의 원리는 전자기 유도 바로 그것이다. 〈그림 4-8〉 ⒜와 같이 자기장 속에 코일을 넣고, 그것을 외부로부터 회전시키면 코일을 관통하는 자기력선속이 변화한다. 이 경우 코일을 둘러싸는 면적 자체는 변화하지 않지만, 코일과 자기장의 기울기가 변화하기 때문에 코일을 관통하는 자기력선의 수, 즉 자기력선속은 변화하고 있다. 코일의 위치와 회전 방향이 그림과 같을 때, 전구에는 어느 방향으로 유도 전류가 흐를까? 렌츠의 법칙을 사용하면 그림에 있는 그대로이다. 그러나 코일이 180도를 회전했을 때를 생각해 보면 전구의 전류는 반대 방향으로 된다. 이 전류의 상태를 그래프로 그리면 〈그림 4-8〉 ⒝처럼 되고, 발전기로부터는 자연히 교류가 얻어지는 것을 알 수 있다.

패러데이의 시대에는 전류가 자기장을 만드는 것의 역작용으로서, 시간상으로 변화하지 않는 자기장으로부터 전류를 얻으려고 여러 가지 노력이 시도되었다. 그러나 그것들은 모두 실패로 끝났다. 전자기 유도를 일으키는 데는 코일을 관통하는 자기력선속을 변화시켜야만 한다. 그러기 위해서는 외부로부터의 일이 필요하다. 이때 낙하하는 물의 역학적 에너지나, 고온 수증기의 열에너지가 소비된다. 즉 발전기는 다른 에너지를 자기장의 변화를 매개로 하여 전기 에너지로 변환하는 것이다.

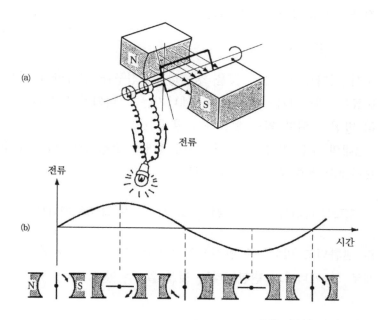

〈그림 4-8〉 발전기는 자연적으로 교류를 만들어낸다

만약 외부로부터의 일이 없이 영구 자석의 자기장만으로부터 전류가 얻어진다면, 이것은 일종의 영구 기관(永久機關)이다. 에너지 보존 법칙(에너지는 여러 가지로 변환되지만, 솟아 나오거나 소멸하거나 하지는 않는다)이 알려진 현재에는 이와 같은 기관이 만들어질 수 없다는 것은 상식이다. 그러나 패러데이의 시절은 에너지 보존 법칙이 확립되어 있지 않았고, 시간상으로 변화하지 않는 자기장으로부터 전류를 얻으려는 헛된 노력을 했었다는 것이 된다.

전구를 연결하지 않고서 자전거나 수동 발전기를 돌렸을 때 저항감이 없다는 것은 에너지의 관계로부터 이해할 수 있다.

전구에서 소비되는 에너지는

$$P = V \ I$$

로서 나타내어진다는 것을 상기하자. 전구를 접속하지 않으면 전류는 제로이기 때문에 전기에너지는 소비되지 않는다. 당연히 발전을 위한 일도 필요하지 않게 된다.

  2대의 수동 발전기를 연결하여 1대를 발전기로, 다른 1대가 모터로서 돌아갈 경우, 에너지는

  역학적 에너지 $\xrightarrow{\text{발전기}}$ 전기 에너지 $\xrightarrow{\text{모터}}$ 역학적 에너지

로 변환되고 있다. 즉 발전기와 모터는 어느 쪽도 자기장을 매개로 한 에너지의 변환기라는 것을 알 수 있다.

자기 부상의 원리

  전자기 유도는 리니어 모터 카의 자기 부상(磁氣浮上)에도 응용되고 있다. 열차를 떠오르게 하기 위해서 열차 쪽에는 전자석이 실려진다. 이때 초전도 자석을 사용하면 발열에 의한 에너지의 손실이 적다. 한편 궤도면 쪽에는 자석을 빽빽하게 깔아서 반발하게 하는 것도 원리적으로는 불가능한 일이 아니지만, 궤도에다 모두 자석을 깐다는 것은 큰일이다. 그래서 자석 대신 코일이 모두 깔려 있다.

  이 코일에는 전류를 흘려 둘 필요가 없다. 어째서일까? 여기서 전자기 유도가 활용된다. 열차가 부상해 있을 때, 만약 열차가 내려오면 열차에 실려 있는 전자석이 형성하는 자기장이 내려온다. 그 때문에 궤도면의 코일을 관통하는 자기력선속이 증

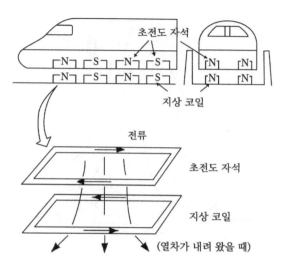

초전도 자석

지상 코일

전류

초전도 자석

지상 코일

(열차가 내려 왔을 때)

〈그림 4-9〉 리니어 모터 카의 자기 부상에는 전자기 유도가 이용되고 있다

가한다. 그러면 전자기 유도에 의해서 궤도면의 코일에 유도 전류가 발생한다. 유도 전류의 방향은 열차의 전자석을 흐르는 전류와는 반대 회전으로 되기 때문에(렌츠의 법칙), 두 코일 사이에는 반발력이 작용한다. 이렇게 해서 열차가 내려가려 하는 것을 방지할 수 있다.

반대로 열차가 부상하려 하면, 궤도면의 코일에는 반대 방향으로 회전하는 유도 전류가 발생하고 열차는 하향의 인력을 받는다. 이리하여 열차는 항상 적당한 높이를 유지 할 수 있다. 아주 멋진 훌륭한 응용이라 하겠다.

완전 반자성의 메커니즘

자기 부상이 나온 김에 4장 서두에서 언급했던 초전도체가

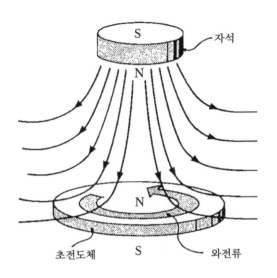

〈그림 4-10〉 초전도체의 완전 반자성은 전자기 유도가 원인이다

자석을 떠오르게 하는 메커니즘도 살펴두기로 하자.

초전도체에 〈그림 4-10〉과 같이 자석을 접근시킨다. 그러면 초전도체를 관통하려 하는 자기력선속이 증가하기 때문에, 전자기 유도에 의해서 초전도체 내부에 원형의 전류가 발생한다. 이 전류를 와전류(渦電流)라고 하는데, 그 방향은 역시 렌츠의 법칙으로 구해진다. 이처럼 초전도체는 전자석이 되지만, 와전류가 형성하는 자기장의 방향을 생각하면 초전도체는 본래의 자석과는 서로 반발한다는 것을 알 수 있다. 이리하여 자석은 공중에 뜬다. 언제까지고 떠올라 있게 하는 힘이 작용하는 것은 보통의 도체에서는 와전류의 에너지가 도체의 저항에 의해서 열로 변환되고 금방 상실되어 버리는 데 대해, 초전도체에서는 전류가 영구히 계속하여 흐르기 때문이다.

이때 자석의 N극에 접근시킨 초전도체의 자석에 가까운 쪽에는 N극이 형성되어 있는 것이 된다. 이것은 철 등의 강자성체와 전혀 반대이며, 이것을 초전도체의 완전반자성(完全反磁性)이라고 한다.

이처럼 완전반자성의 메커니즘은 전자기 유도 바로 그것이며, 리니어 모터 카의 자기 부상과 같다. 그런 까닭으로 완전반자성을 나타내는 물질은 특수한 자기적인 성질을 가진 것이 아니라 전기 저항이 없는 완전 도체이다.

또 3장에서 언급한 몇 가지 물질이 반자성을 나타내는 이유도 마찬가지로 이해할 수 있다. 반자성의 원인은 물질 속에 생기는 유도 전류에 있다고 생각할 수 있다. 다만 초전도체와는 달리 보통 물질에서는 유도 전류는 매우 약하기 때문에 근소한 반자성밖에는 나타내지 않는다.

전자기 조리기를 살펴본다

요리에는 장작 가스, 그리고 전열기(토스터, 전기밥솥) 등이 사용되어 왔다. 이것들은 열 발생의 메커니즘을 잘 알 수 있기 때문에 이해하기 쉽다.

그러나 전자레인지와 전자기 조리기는 불길도 히터도 보이지 않아서 어떻게 조리가 되는지 불가사의하다. 여기서는 플레이트가 가열되지 않는데도 요리를 할 수 있는 전자기 조리기(電磁氣調理器)의 원리를 살펴보기로 하자.

전자기 조리기의 단면은 〈그림 4-11〉과 같이 되어 있다. 내부에는 모기향과 같은 모양을 한 코일이 있고, 그 코일에 2만 헤르츠(매초 2만 번 방향이 변화한다) 이상의 교류가 흐르고 있

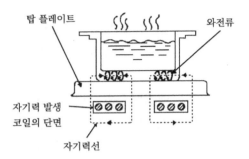

〈그림 4-11〉 전자기 조리기는 전자기 유도에 의한 와전류를 이용하고 있다

다. 그 때문에 그림과 같은 자기력선이 냄비 바닥을 관통한다. 냄비는 알루미늄 따위가 아니라 자기력선을 끌어당기는 강자성체(철, 스테인리스 등)이어야 한다. 냄비 바닥을 관통하는 자기장이 맹렬하게 변화하기 때문에 거기에 와전류가 흐른다. 여기에서 전자기 유도가 이용되고 있는데, 나머지는 전열기와 마찬가지이다. 냄비 바닥을 흐르는 전류가 냄비의 전기 저항 때문에 줄열을 발생하여 냄비를 직접 가열하는 것이다.

전자기 조리기는 가스처럼 배기가스를 방출하지 않고 에너지의 변환 효율이 높은 뛰어난 조리기이다(열효율은 가스가 50%, 전열기가 50% 남짓, 전자기 조리기는 약 80%이다).

4. 유도 법칙, 여기가 핵심

유도 법칙을 파고들자

전자기 유도의 데몬스트레이션으로서 유명한 것은 〈그림

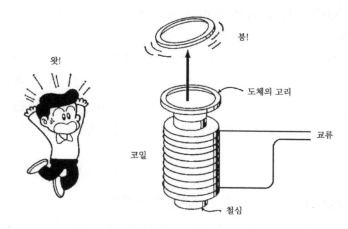

〈그림 4-12〉 코일에 교류를 흘려보내면 금속 고리가 붕 떠오른다

4-12〉의 장치이다. 코일 위에 금속(이를테면 구리) 고리를 얹어 두고, 코일에 교류를 흘려보내면 금속 고리가 '붕' 뛰어 오른다.

고리가 뛰어 오르는 것은 다음의 이유 때문이다. 코일의 전류가 급격히 변화하면 금속 고리를 관통하는 자기력선속이 변화하고, 전자기 유도에 의해서 고리에 전류가 흐른다. 이 전류의 방향은 이를테면 코일의 전류가 증가하고 있을 때는 코일의 전류와 반대 방향으로 된다(렌츠의 법칙). 그래서 두 전류 사이에 반발력이 작용하여 고리가 뛰어오른다.

그런데 이 고리가 뛰어오르는 전자기 유도와 렌츠의 법칙을 설명한 데서 나왔던 레일 위에서 차바퀴를 움직이는 전자기 유도('4-2. 렌츠의 법칙은 심술궂은 청개구리' 참고)를 예로 들어 패러데이가 발견한 것의 핵심 부분을 생각해 보기로 하자.

문제는 다음 점에 있다. 코일을 관통하는 자기력선속이 변화했을 때, 왜 코일에 전류가 발생할까?

"왜냐고 한들 어쩔 도리가 없잖아. 이건 실험에 의한 사실이
니까."

확실히 왜냐고 하는 질문은 그리 적절하지 못할는지 모른다.
자기력선속의 변화가 전류를 만든다고 하는 대답으로 만족하는
것도 한 가지 방법이다. 그러나 여기서 한 걸음 더 캐고 들어
가서 생각해 봄으로써 우리는 전자기 유도의 핵심에 다가설 수
있다.

자기장과 전기장, 어느 것이 원인일까?

코일을 관통하는 자기력선속이 변화하면 코일에 전류가 흐른
다. 전류가 흐른다고 하는 것은 코일의 도선 속의 전자가 어떠
한 힘을 받아서 이동하고 있다는 것을 말한다. 전자는 무엇으
로부터 힘을 받을까? 이것이 문제이다. 여태까지의 우리의 지
식으로는 전자와 같은 전하를 가진 입자가 힘을 받는 것은 전
기장이나 자기장으로부터의 어느 것이다('2-5. 전기의 기본 법칙
은 고작 두 가지', '3-4. 자기의 기본 법칙' 참고). 여기서 두 가지
사고방식이 등장한다.

A "전자기 유도에서는 전기장은 존재하지 않으니까, 자기장으
  로부터 힘이 작용하고 있다고밖에는 생각할 수 없잖아."

B "잠깐만! 뭔가 좀 이상하잖아? 전자가 자기장으로부터 힘
  을 받는 건, 전자가 활동하고 있을 때뿐이야. 전자기 유도
  에서는 전류가 유도되는 코일에 최초엔 전류가 흐르고 있
  지 않단 말이야. 그러니까 전자는 움직이고 있지 않다는
  거야."

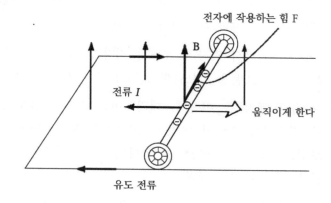

전자에 작용하는 힘 F

B

전류 I

움직이게 한다

유도 전류

〈그림 4-13〉 로런츠 힘에 의한 전자기 유도의 설명

A "음, 그리고 보니 그렇군. 먼저 레일 위를 차바퀴가 움직이는 경우를 생각해 보자꾸나"

B "차바퀴가 움직여도 전자는 움직이고 있지 않은 걸."

A "아니, 차바퀴가 움직이면 차바퀴의 축 속에 있는 전자는 축과 함께 움직이는 거야. 〈그림 4-13〉으로 말하면 오른쪽 방향인 거다. 전자가 움직이기 때문에 역시 자기장으로부터 힘이 작용하는 거야."

B "과연, 그렇다면 전자는 어느 방향으로 작용하는 거니?"

A "전자가 오른쪽으로 움직인다는 것은 왼쪽으로 전류가 있다는 것과 구별이 없으니까, 예의 IB의 법칙을 써서... I와 B가 만드는 평면에 오른나사의 판판한 면을 두어서 뱅글뱅글 돌리면, 차축의 앞쪽에서부터 저 편이야. 전자가 저 편으로 흐르니까 전류는 손 앞쪽으로 흐르는 것이 되지."

B "음, 굉장한데, 확실히 전류의 방향은 렌츠의 법칙에서 구했던 전류의 방향과도 일치하고 있군."

A "이것으로 역시 전자기 유도는 전자가 자기장으로부터 받는 힘, 즉 로런츠 힘으로써 설명할 수 있는 셈이야."

B "하지만 왠지 좀 이상해. 패러데이의 전자기 유도의 발견은 전자기학 최대의 발견이라고 일컬어져 있잖아. 그것이 로런츠 힘으로 설명할 수 있다면 굳이 새로운 발견이란 것은 포함된 게 아니잖아?"

A "그렇기는 하지만 어쩔 도리가 없잖니. 원리는 알고 있었더라도 발전 방법을 발견한 것은 사실이니까. 패러데이의 위대성은 조금도 손상되지 않아."

B "또 하나, 고리가 뛰어오르는 예도 설명해 주렴. 그걸 자네 생각으로 설명할 수 있다면 납득할 테니까."

A "할 수 있을 거야. 같은 전자기 유도이니까. 이번에는 고리를 관통하는 자기력선속이 변화하는 것이지. 고리가 뛰어오르면 고리 속의 전자가 자기장 속을 이동하니까."

B "잠깐! 고리는 처음엔 정지해 있었던 거야. 그 상태에서 자기력선속을 변화시키면 유도 전류가 흐르잖아. 그러니까 처음엔 전자가 이동하지 않았어."

A "음... 이건 난처한데. 하지만 자넨 아까부터 내가 하는 생각엔 핀잔만 주고 있을 뿐 아무것도 설명하지 않았잖니. 넌 어떻게 설명할 거야?"

B "나는 전자가 전기장으로부터 힘을 받는다고 생각해."

A "하하하. 하지만 잘 봐. 전자기 유도에서는 자기장은 있어
　 도 전기장 따윈 아무 데도 없잖니."

B "아니, 확실히 처음에는 전기장이 없지만, 새로 생긴다고
　 생각해."

A "어째서?"

B "고리를 관통하는 자기력선속이 변화했을 때, 고리를 따라
　 가며 전류가 흐르는 것이니까. 고리를 따라서 전기장이 형
　 성되는 거야. 즉 자기력선속을 둘러싸는 원형의 전기장이
　 형성되고, 그 전기장으로부터 전자가 힘을 받는 거야."

A "자넨 옛날부터 제멋대로 새로운 것을 생각해 내서 곤란해."

B "아니야, 이게 바로 패러데이의 새로운 발견이라고 생각
　 해. 게다가 넌 이 고리의 전자기 유도를 설명할 수 없었
　 잖아."

A "응, 그건 인정해. 하지만 너도 레일 위를 차바퀴가 움직
　 이는 경우를 설명하지 않았어. 어때?"

B "음, 그건 자기장으로부터의 힘으로 설명되었고... 전기장
　 으로는 생각하기 어렵겠는데."

자기장의 변화가 전기장을 낳는다

이상하게 까다로운 이야기가 되어 버렸다. A군과 B군의 어느
쪽이 옳을까? 이 답은 아주 뜻밖의 것이다. 양쪽이 다 옳다고
하는 것이 정답이다. 즉 레일 위의 차바퀴의 전자기 유도는 전
자가 자기장으로부터 받는 힘으로써 설명할 수 있고, 고리가

뛰어오르는 전자기 유도는 전자가 전기장으로부터 받는 힘으로써 설명된다.

여기가 전자기학의 가장 불가사의한 대목이다. 전자기 유도라는 한 가지 현상이 때에 따라서 2개의 다른 근거로부터 설명될 수 있는 것일까? 이런 의문이 떠오르겠지만 사실은 그러한 것이다.

전자기 유도 현상에는 두 가지 기원이 있다. 하나는 자기장으로부터의 로런츠 힘에 의한 것이고, 다른 하나는 자기장의 변화가 만드는 전기장으로부터의 힘에 의한 것이다. 이 두 가지 작용이 겹쳐지는 접자기 유도도 있지만 두 작용은 독립적이다.

로런츠 힘은 전류가 자기장으로부터 받는 힘으로서 패러데이 이전부터 알려져 있었다. 따라서 패러데이의 새로운 발견이란 바로 후자를 말한다. 패러데이의 발견에 의해서 여태까지 따로따로 생각되고 있던 전기장과 자기장이 처음으로 결부되어 전자기학 완성으로의 길이 열렸다. 중요한 대목이기 때문에 다시 한번 적으면 '자기장의 변화는 전기장을 낳는다'고 하는 새로운 법칙이 전자기학에 첨가된 것이 된다(그림 4-14).

이 법칙의 중요한 점은 고리나 코일이 없어서 전류가 발생하지 않는 경우에도 확장할 수 있다는 점이다. 고리나 코일이 없는 공간이라도 자기장의 변화는 전기장을 낳게 한다. 패러데이의 발견을 이처럼 확장해서 하나의 법칙으로 정리한 사람이 맥스웰이다. 맥스웰은 매달설(媒達說)의 입장에서부터 패러데이의 장(場) 아이디어를 이론화하여 이 같은 생각에 도달할 수 있었다.

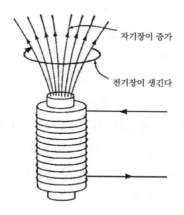

자기장이 증가

전기장이 생긴다

〈그림 4-14〉 자기장의 변화는 전기장을 만들어낸다

그런데 자기장의 변화에 의해서 생기는 전기장은 전하가 만드는 용출·흡수형 전기장(2장)과는 그 상태가 다르다. 이 전기장은 자기력선을 둘러싸듯이 발생하기 때문에 순환형이다. 그래서 전하가 만드는 전기장을 정전기장, 자기장의 변화가 만드는 전기장을 유도 전기장이라고 구별하여 부르는 일도 있다. 그러나 이 두 전기장이 전하에 끼치는 효과는 똑같은 것이다.

끈질긴 원달설

4장에서는 2장, 3장에서 보았던 원달설과 매달설(장의 입장)에 관한 논쟁은 등장하지 않았다. 전자기 유도는 매달설에 의한 쪽이 설명하기 쉽다.

그러나 역사를 돌이켜 보면 패러데이의 전자기 유도의 발견이나 맥스웰에 의한 이론화가 그대로 매달설의 승리를 가져왔던 것은 아니다. 앞에서 나왔던 앙페르를 비롯하여 원달설의 입장에서부터 전자기 현상을 설명하려는 흐름은 강력했었다. 전자기 유도에 대해서도 독일의 웨버와 노이만 등의 뛰어난 이론가가 원달설에 의한 정교하고 치밀한 이론을 만들어 내고 있었다. 원달력의 이론은 전자기 유도도 어디까지나 장의 개념을 사용하지 않고서, 전류 사이의 직접적인 상호 작용으로서 설명하려는 것이다. 하지만 이 책에서는 지금에는 필요가 없게 된 이들 이론에 대해서는 언급하지 않기로 한다.

매달설—장의 이론이 모든 사람에게 인정받게 되기 위해서는 이론상 더 한걸음의 비약과 실험에 의한 결정적인 증거가 필요했다. 이 점은 다음의 5장과 6장에서 밝혀지게 된다.

이것으로 배우는 모두 등장

아직도 모든 의문이 다 해결된 것은 아니지만, 여기까지 전자기의 무대에 등장하는 배우가 모두 집합했다. 전자기 현상의 기본 법칙은 여태까지 나온 법칙뿐이다. 그것들을 정리하면 다음과 같다.

우선, 전기장과 자기장에 대해서는 네 가지 법칙이 있다.

제1법칙　하전 입자는 용출·흡수형의 전기장을 형성한다(2장).

제2법칙　전류(운동하는 하전 입자)는 순환형 자기장을 형성한다(3장).

제3법칙　단극인 자석은 존재하지 않는다(3장).

제4법칙　자기장의 변화는 순환형 전기장을 형성한다(4장).

다음에는 전하가 받는 힘에 대한 두 가지 법칙이 있다.

⑴ 하전 입자는 전기장으로부터 힘을 받는다(전기력).

⑵ 운동하는 하전 입자(전류)는 자기장으로부터 힘을 받는다
   (로런츠 힘).

전자기의 세계에 등장하는 인물은 전기장·자기장과 하전 입자라고 하는 두 종류의 성질이다. 등장인물들의 행동은 모두 이들 법칙으로서 예측할 수 있다. 다만 한 가지 수정(修正)만을 제외하고서는.

이들 법칙을 잘 살펴보면 부자연하다고 생각되는 곳이 한 군데 있다. 그것은 자기장으로부터 전기장이 만들어지는 데 대해서, 반대로 전기장으로부터 자기장이 만들어진다고 하는 법칙은 찾아볼 수 없다는 점이다. 그렇다고 하면 또 하나의 새로운 법칙이 필요한 것일까? 사실은 그런 것이 아니라 우리는 제2법칙을 수정함으로써 이 부자연성을 해결할 수 있다. 다음 장에서는 이 문제를 생각하고 전자기 법칙을 완전한 것으로 만들기로 하자.

모노폴

맥스웰의 전자기학에서는 단극(單極)인 자석이 존재하지
않지만, 미크로한 소립자의 세계에서는 자기단극자(磁氣單
極子, monopol)가 존재하는 것이 아닐까 하고 생각되고
있다. 이것은 1934년에 영국의 디랙이 예언한 것이다.
현재 우주 공간으로부터 오는 모노폴을 관측하려는 실험
이 시도되고 있다.

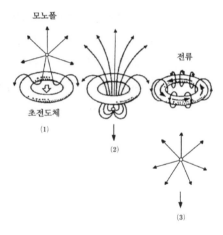

그 방법의 하나는 초전도체의 링을 두고 모노폴이 오는
것을 대기하는 것이다. 모노폴이 통과하면 링에 자기력선
이 감겨 붙고, 직류의 유도 전류가 흐르기 시작하여 그대
로 계속해서 흐른다. N, S 양극의 다이폴(dipole)이 통과
해서는 직류가 발생하지 않는다는 것을 확인해 두자.

5장 교류의 기능

1. 에너지의 운반꾼

전기는 '재물'이다

형법에는 절도에 대해서 다음과 같이 규정하고 있다(역자 주: 해당 조항과 조문은 우리나라 형법을 적용했다).

형법 제329조 '타인의 재물을 절취하는 자는 6년 이하의 징역 또는 1천만 원 이하의 벌금에 처한다'(역자 주: 여기에 규정된 벌금은 '벌금 등 임시 조치법'에 따라서 환산된다).

그런데 흥미로운 일로는 같은 형법 제346조 '동력'에는 '본장의 죄에 있어서 관리할 수 있는 "동력"은 재물로 간주한다'라는 조항이 있다. 이 조항과 관련되는 사실로서 일본에서 있었던 다음과 같은 도전 사건의 판례가 있기에 소개한다.

1901년 11월, 요코하마(橫濱) 공동 전등 회사의 한 수요자가 전등 한 등 몫을 계약했는데도 여러 등 몫의 전력을 멋대로 사용했다. 그래서 회사 측은 요코하마 지방법원에 고소를 제기했다. 법원은 반년 동안에 걸쳐 심리하여 이듬해 7월, "중금고 3개월, 감호 6개월에 처한다"는 판결을 내렸다.

그런데 피고는 이 판결에 불복하고 도쿄(東京) 고등법원에 항소했다. 그 주장은 다음과 같았다.

'전기는 전등을 밝히기는 하지만, 그 자체는 형태도 무게도 없고 볼 수도 없다. 따라서 실체(實體)가 아니다. 실체가 아닌 것은 훔칠 수가 없으며, 따라서 형법(당시의)의 규정에 의한 절도죄는 성립되지 않는다(아오키 구니오, 『착각의 과학사』, 아사히신문사).

〈그림 5-1〉 도전 사건

　전선 속을 흐르고 있는 것이 전자라는 것은 현재는 잘 알려져 있다. 영국의 J. J. 톰슨에 의한 전자의 발견은 1897년의 일인데, 당시는 아직 전선 속에 무엇이 흐르고 있는가에 대해서는 물리학자들의 의견이 갈라져 있었다. 그래서 항소를 받은 도쿄 고등법원은 도쿄대학의 다나카 다테(田中館愛橘) 물리학 교수에게 전기에 대한 감정을 요청했다. 이 교수는 "전기는 에테르의 진동 현상으로서 유기체라고는 볼 수 없다"라는 결론을 내렸으므로, 재판소는 이것을 참고로 하여 "전기는 절도의 대상이 되지 않는다. 따라서 무죄"라고 제1심의 판결을 뒤엎고 말았다(상기 아오키 씨의 책).

　이 재판은 대법원으로까지 올라가서 결국 이 도전자는 유죄가 되었는데, 법원은 그 이유를 설정하는 데에 크게 고생했다. 이것이 '전기는 이것을 재물로 간주한다'는 조항이 첨가된 이유이었다.

전류의 정체가 전자라는 것을 알고 있는 현재도 우리가 전력 회사로부터 받는 것은 전자가 아니다. 교류에서는 전자는 전선 속을 왔다갔다 하고 있다. 그러나 전자는 해안의 파도처럼 크게 밀려 왔다갔다 하는 것이 아니다. 1Å 정도의 직류에서는 전자는 고작 매초에 0.1㎜ 정도 밖에 진행하지 않는다. 교류에서는 그 방향이 매초 50회나 변화하고 있다. 따라서 한 방향으로 계속해서 진행하는 것은 불과 100분의 1초이므로, 단순히 생각하더라도 1Å 정도의 교류에서는 1회에 0.001㎜ 정도밖에 진행하지 않는다. 대전류가 흐르는 전선 속에서도 전자는 10㎝ 정도의 진동을 반복하고 있을 뿐이다. 또 교류의 1초당 방향 변화의 횟수를 주파수(진동수)라고 하고 단위는 헤르츠(Hz)가 사용된다.

우리가 전력회사로부터 받는 것은 전자의 진동에 의해서 운반되는 에너지이다.

전기는 언제나 운반꾼

현재의 우리 생활은 전기 없이는 생각조차 할 수 없지만, 우리가 전기를 직접 '이용하는 일은 거의 없다. 전기는 언제나 빛(전등, 영상), 열(난방, 조리), 일(모터), 소리(오디오) 등의 형태로서 이용되고 있다. 전기를 직접 '이용' 하는 것은 우리가 감전할 때 정도일 것이다.

전기는 모두 발전소에서 다른 에너지(수력, 화력, 원자력 등)로부터 만들어지고 있다. 전기의 기능이란 에너지를 발전소로부터 가정이나 공장으로 운반하는 일이다.

전기가 에너지의 운반꾼으로서 가장 적합한 것은 가정이나 공장에서 이용하는 방대한 에너지를 석유 등의 연료 그대로의 형태로 운반하는 것과 비교해 보면 금방 알 수 있다. 석유 따위와는 달리 전기의 경우는 아무것도 무거운 물질을 운반할 필요가 없다.

전기는 또 한 가지 중요한 것을 운반한다. 그것은 음성·영상, 문장 등의 정보이다. 정보에 관해서는 다음 장으로 미루고 여기서는 에너지의 운반꾼으로서의 전기에 대해서 생각해 보기로 하자.

교류 100V란?

에너지의 운반꾼으로서 현재는 교류가 사용되고 있다. 교류에서는 전압과 전류의 크기와 방향이 주기적으로 변화한다. 전압이나 전류가 변화하고 있다고 하면 평소 '가정에는 100V의 교류가 와 있다'라고 말할 때의 전압 100V란 도대체 어느 시점의 전압일까? 또 '교류가 1Å 흐른다'고 말할 때의 1Å란 무엇을 의미하고 있을까?

'전압과 전류의 평균값을 취하면 되지 않느냐'고 소박하게 생각한다면, 플러스와 마이너스가 상쇄하여 평균이 제로가 되어 버린다는 것도 금방 알게 된다.

'그렇다면 전류와 전압이 최대인 곳을 취하면 어떨까'하고 생각한다. 그러나 항상 100V인 직류와 플러스 100V와 마이너스 100V 사이를 변동하는 교류를 같은 전압이라고 보는 데는 아무래도 저항감이 있다.

어떻게 정할 것인지, 역시 기준이 필요할 것 같다.

'전기는 에너지의 운반꾼이기 때문에 에너지로 정하면 어떻게

변할까?'

그렇다. 에너지가 기준으로 적합할 것 같다. 직류인 경우 전류에 의해서 운반되고, 전구 등에서 소비되는 에너지를 나타내는 식은

$$P = VI \quad \text{소비 전력} = \text{전압} \times \text{전류}$$

이었다. 직류뿐 아니라 교류의 경우에도 이 식이 그대로 성립할 수 있도록 교류의 전압과 전류를 결정하면 된다. 교류를 전구 등의 저항에다 흘려보낼 때, 전류와 전압은 항상 변화하고 있지만, 각 순간의 전압과 전류를 곱하면 〈그림 5-2〉의 (c)와 같이 된다. 전압이 마이너스일 때는 전류도 반대 방향이고 마이너스이기 때문에, 둘을 곱해서 합산하면 언제라도 전력은 플러스가 된다.

교류가 운반하는 전력은 이 그래프의 평균값이다. 평균값은 그래프를 보면 최대 전력의 1/2이다. 그렇다고 하면 교류의 전압·전류는 최댓값의 1/2이면 되는가? 아니, 전력은 전압×전류이다. 양쪽을 1/2로 하면 전력은 1/4로 되어 버린다. 결국, 전압과 전류 각각의 최댓값의 $1/\sqrt{2}$를 취하면 전력은 1/2이 된다.

이렇게 하여 전압·전류의 최댓값의 $1/\sqrt{2}$의 크기를 교류의 전압·전류의 실질적인 크기라고 약속하면 된다는 것을 알았다. 이것을 교류 전압·전류의 실효값(實效値)이라고 부른다. 평소에 교류 100V니 10Å니 하고 무심히 사용하고 있는 것은 이 실효값이다. 따라서 가정에 들어오는 100V의 교류 전압의 최댓값은

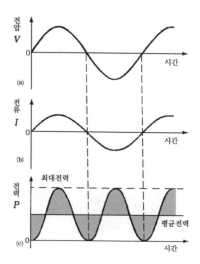

〈그림 5-2〉 교류의 평균 전력은 최대 전력의 1/2이 된다

$$100 \times \sqrt{2} = 141V$$

로 되어 있다.

실효값을 사용하면 100V에서 10A의 전류가 흘렀을 때 사용되는 전력은 교류에서나 직류에서도 같은 1,000W가 되고 교류, 직류의 차이에 마음을 쓰지 않아도 되어 매우 편리하다.

교류를 눈으로 본다

전류는 눈에 보이지 않는다. 당연히 교류가 왔다 갔다 하고 있다고 들어도 그다지 이미지가 떠오르지 않는다. 그래서 교류를 간단히 볼 수 있는 장치를 만들어 보자. 재료는 발광 다이오드 2개(이를테면 빨강과 파랑의 색깔이 다른 젓), 저항 1개(5kΩ, 10W), 나무젓가락 1개, 도선 약간과 콘센트의 플러그만 있으면 된다. 이것을 그림의 회로같이 접속한다.

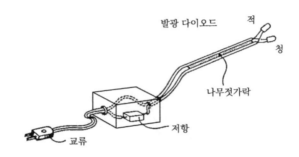

다이오드가 반대 방향으로 부착된 것이 이 장치의 핵심이다. 방을 어둡게 하여 나무젓가락을 흔들면 다이오드가 번갈아 빛나고 전류의 방향이 변화하고 있는 것을 잘 알 수 있다.

직류와 교류의 논쟁

현재의 발전과 송전에는 교류가 사용된다. 왜 직류가 사용되지 않을까? 전력 산업의 발전 초기(19세기 후반)에 교류가 좋은지, 직류가 좋은지 과학자와 전기 기술자들이 두 진영으로 갈라져서 맹렬한 논쟁을 펼쳤다.

직류를 지지하는 쪽에는 미국의 발명왕 에디슨을 비롯하여 영국의 켈빈 등 저명한 과학자와 기술자가 있었다.

특히 에디슨은 강력히 직류를 지지하였다. 그는 당시 이미

〈그림 5-3〉 고전압의 방전 속에서 책을 읽는 테슬러

직류에 의한 발전·송전 시스템에 많은 투자를 하고 있었고, 교류 시스템을 맹렬히 공격했다. 그 상태는 다음과 같았다.

"에디슨과 교섭이 있었던 기술 고문 H. P. 브라운은 법률로서 전기 사형에는 교류를 채용하라고 주장하고, 1889년 그것을 위해서 에디슨의 경쟁 상대이자 교류 방식을 개발하고 있던 웨스팅하우스의 교류기를 사도록 사태를 이끌어 가고 있었다. 그런 다음에 사형에 사용될 정도이니까 교류는 위험한 것이라고 선전하고 다니면서 법의 규제를 요구했다. 또 어느 때는 웨스트오린지의 에디슨의 대연구소에 신문기자와 손님을 초청하여, 에디슨과 바첼러는 1,000V의 교류 발전기에 접속시킨 양철 조각에다 개와 고양이를 접근 시켜 죽이고는 교류의 위험성을 선전했다(『전기의 기술사』 야마사키, 기모토 공저)."

교류파도 당하고만 있지는 않았다. 교류를 지지하여 에디슨 회사를 사직한 미국의 테슬라는 교류가 위험하지 않다는 것을

시위하기 위해 고전압 방전 실험을 하여 그 번갯불 밑에 앉아
서 책을 읽어 보이기도 했다.

교류의 승리

에디슨의 필사적인 캠페인에도 불구하고 이 논쟁은 교류파의
승리로 끝났다. 그 이유로는 몇 가지를 생각할 수 있다. 발전기
가 자연적으로 교류를 발생한다는 것과 유도 모터라고 하는 뛰
어난 교류 모터가 있었다는 것 등을 들 수 있다.

그러나 가장 큰 이유는 교류에서는 변압이 간단하고 고전압
송전이 가능하다는 점일 것이다. 변압기(Transformer)의 원리는
패러데이가 발견한 코일과 코일 사이의 전자기 유도 바로 그것
이다.

〈그림 5-4〉와 같이 2개의 코일을 하나의 철심에 감아 붙인
것이 변압기이다. 입력 쪽의 코일에 교류를 흘려보내면 교류는
주기적으로 변동하고 있기 때문에 출력 쪽의 코일을 관통하는
자기력선속이 주기적으로 변화하여 출력 쪽에도 교류의 유도
전류가 얻어진다. 입력 쪽과 출력 쪽의 권선수(捲線數)가 각각
n_1, n_2라면 입력 쪽과 출력 쪽의 전압비는

$$\frac{V_1}{V_2} = \frac{n_1}{n_2}$$

이 된다. 코일을 감는 수를 조정하면 희망하는 전압을 얻을 수
가 있다. 직류인 경우는 입력 전류는 변화하지 않기 때문에 입
출력 코일을 중매하는 자기력선속도 변화하지 않아, 변압기는
쓸모가 없다는 것이 명확하다.

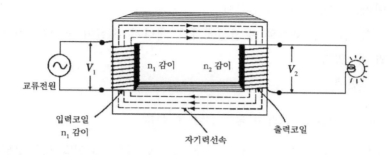

입력코일
n_1 감이

자기력선속

출력코일

〈그림 5-4〉 변압기, 코일을 감는 수를 바꾸면 전압을 바꿀 수 있다

송전 때는 송전선의 저항에 의해서 열로 상실되는 에너지가 큰 문제가 된다. 교류에서는 변압기에 의해서 전압을 높이고 고전압으로 송전이 가능하다. 저전압보다 고전압 쪽이 에너지의 손실이 적다. 그것은 어째서일까?

송전선에는 저항이 있기 때문에 가령 10,000V의 전압으로 발전소 쪽에서부터 송전하더라도 전력을 받는 쪽에서는 이를테면 9,000V로 전압이 내려간다. 송전선에서의 에너지 손실이라고 하는 것은 송전선에서의 소비 전력을 말하는 것이므로, 그것은

에너지 손실 = 송전선에서의 전압 강하 × 전류

로서 나타내어진다. 옴의 법칙을 사용하면

송전선에서의 전압 강하 = 송전선의 저항 × 전류

로 되기 때문에 결국

에너지 손실 = 송전선의 저항 × (전류)^2

이라고 하는 식이 성립한다.

즉 전류가 클수록 송전선에서의 에너지 손실이 크다는 것을 알 수 있다.

그런데

$$보내는 \ 전력 = 송전 \ 전압 \times 전류$$

이므로, 같은 양의 전력을 보내려고 할 경우, 고전압으로 보낼수록 전류가 작다. 따라서 고전압으로 보낼수록 송전선에서의 에너지 손실이 적어도 된다.

이리하여 에디슨 시대에는 그의 뜻에 반하여 교류의 배전 시스템이 승리를 거두었다. 그러나 20세기 후반에 와서 다시 직류 송전이 재검토되고 있는 것은 역사의 아이러니라고나 할까.

교류 송전에도 몇 가지 결점이 있다. 100V의 교류는 최댓값이 141V가 되므로, 직류 100V보다 절연을 더 강화하지 않으면 안 된다. 또 몇 개의 발전소로부터의 전류를 합쳐서 보낼 경우, 전류가 변화하는 타이밍을 맞추기 어렵다.

그런 까닭으로 현재는 다시 직류 송전이 온 세계에서 사용되기 시작하고 있다. 일본에서는 홋카이도(北海道)와 혼슈(本州)를 잇는 송전선(168㎞)이 직류 송전으로 되어 있다.

2. 교류 회로의 두 주역

코일은 교류가 질색

교류 회로에서는 직류 회로에서 활약했던 전기 저항 외에 코

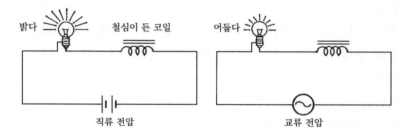

밝다 철심이 든 코일 어둡다

직류 전압 교류 전압

〈그림 5-5〉 코일은 교류를 통과시키기 어렵다

일과 콘덴서가 중요한 역할을 한다. 맨 먼저 이 두 사람의 등장인물에 대한 성질을 분석해 보기로 하자.

〈그림 5-5〉와 같이 직류 전원에 코일과 전구를 접속한 회로를 생각한다. 코일과 직렬로 접속한 전구는 물론 불이 켜진다. 다음에는 이 직류 전원을 교류 전원으로 바꾸어 보기로 한다. 이때 전구는 역시 켜지지만, 자세히 관찰하면 같은 전압을 걸어주더라도 직류의 경우보다 약간 어두운 것을 알 수 있다.

왜 어두워질까? 교류를 흘려도 코일의 전기 저항이 증가하는 것은 아니다. 이것은 전자기 유도의 일종, 자기유도(自己誘導)라고 하는 현상에 원인이 있다. 코일에 교류를 흘려보내면 그 전류 자신이 형성하는 코일을 관통하는 자기력선속이 시간과 더불어 주기적으로 변화한다. 코일을 관통하는 자기력선속이 변화하면 그 변화를 방해하려 하는 유도 기전력이 발생한다. 이 경우 유도 기전력은 자기 자신에 흐르는 전류가 만드는 자기장의 변화에 의하기 때문에 이 현상을 자체유도(自體誘導)라고 부른다.

자체 유도는 1832년에 미국의 헨리가 발견한 현상인데, 이상과 같이 코일에는 전류의 변화를 방해하는 방향으로 유도 기전력이 발생하기 때문에 코일은 교류를 통과시키기 어렵다. 전류의 변화가 빠를수록 역유도 기전력이 크기 때문에 교류의 주파수를 크게 해가면 교류는 점점 더 통과하기 어려워진다. 또 코일을 감는 수를 증가하고 철심 등을 넣으면, 코일을 관통하는 자기력선속이 증가하여 코일의 교류를 방해하는 작용이 더욱 커진다.

전지에 코일을 접속하여 스위치를 끊었을 때, 스위치의 접점에 불꽃이 튀는 일이 있다. 이것도 자체 유도가 하는 장난으로서 스위치를 끊었을 때, 급격히 전류가 줄어들기 때문에 그것을 방해하려고 고전압이 발생하는 것이다. 이 성질은 자동차의 가솔린 엔진의 점화를 위한 점화 코일, 형광등을 켜기 위한 코일 등에 이용되고 있다.

콘덴서는 교류에서 활약

콘덴서와 전구를 직렬로 하여 전지에 접속해 두어도 전구는 켜지지 않는다. 이때는 전지를 접속한 직후, 아주 짧은 시간만 전류가 흐르지만 콘덴서에 전하가 저장되면 전하는 그대로 정지 상태가 되고 전류는 전혀 흐르지 않게 된다(그림 5-6).

그런데 교류 전원을 접속하면 전구가 계속하여 켜진다. 그 이유는 다음과 같다. 교류에서는 전원의 전압이 플러스→마이너스→플러스→마이너스로 늘 변화하고 있다. 그 때문에 콘덴서의 극판에는 번갈아 가면서 플러스·마이너스의 전하가 저장된다. 물론 콘덴서의 극판 사이에는 전류가 흐르지 않지만, 전구의 입장에서 본다면 전하가 왔다 갔다 하는 것이므로 전류가

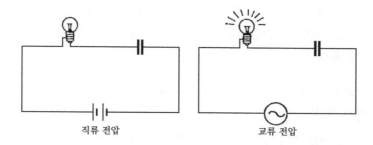

〈그림 5-6〉 콘덴서는 교류는 통과시키지만 직류는 통과시키지 않는다

흘렀다는 것이 된다.

이처럼 콘덴서를 접속한 회로는 직류는 통과시키지 않지만, 교류는 통과시킨다. 교류의 주파수를 높이면 높일수록 전구의 밝기가 증가한다. 즉 콘덴서에는 주파수가 높은 교류일수록 잘 흐른다는 것을 알 수 있다.

일반적으로 콘덴서에 저장되는 전기량은 가한 전압에 비례한다. 즉 V(볼트)의 전압을 걸었을 때, 콘덴서의 양 극판에 플러스 마이너스 Q(쿨롱)의 전기량이 저장되었다고 하면

$$Q = CV$$

의 관계가 있다. C는 1V의 전압을 걸었을 때 콘덴서에 저장되는 전기량으로서, 콘덴서의 전기용량(Capacitance)이라고 불리며 단위는 패럿(Farad) F가 사용된다. 물론 전기 용량이 큰 콘덴서일수록 전하를 저장하기 쉽고, 교류도 통과시키기 쉽다.

극판이 떨어져 있는데도 콘덴서가 전류를 통과시킨다는 것은 좀 불가사의한 생각이 든다. 극판 사이의 공간에서 무엇이 일어나고 있을까? 사실은 이 의문 가운데에 전자기학의 마지막

비밀이 숨겨져 있다. 이 문제에 대해서는 곧 언급하게 된다.

우선, 코일과 콘덴서의 성격을 정리해 보면 흥미로운 사실을 알게 된다.

코일은 직류를 잘 통과시키지만, 주파수가 큰 교류일수록 통과시키기 어렵다.

콘덴서는 직류는 통과시키지 않지만, 주파수가 큰 교류일수록 통과시키기 쉽다.

이 두 등장인물의 성격은 완전히 정반대이다. 어느 쪽이 착하고, 어느 쪽이 나쁘다는 것은 아니지만, 이 정반대인 등장인물의 존재가 교류의 무대를 변화가 많은 흥미로운 것으로 만들어 준다.

진동하는 회로

코일과 콘덴서를 병렬로 접속하면 라디오의 선국(選局)에 사용되는 동조 회로(1장)가 만들어진다. 동조 회로는 왜 방송국을 선택할 수 있는지 생각해 보자.

〈그림 5-7〉과 같이 콘덴서와 저항을 사용한 회로와 동조 회로를 배열하여 두 회로의 기능을 비교해 본다. 처음에 콘덴서를 충전해 둔다. 그런 뒤에 콘덴서와 저항(또는 코일)을 연결하는 스위치를 넣는다. 그러면 콘덴서에 저장되어 있던 전하가 흘러나간다. 저항을 접속한 회로에서는 전류가 단숨에 흘러가고 금방 감소하여 전기에너지는 열로 변환한다. 이것으로 끝장이다.

그런데 코일을 접속한 회로에서는 전혀 다른 현상이 관측된

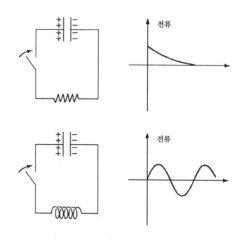

〈그림 5-7〉 저항과 코일은 기능이 크게 다르다

다. 스위치를 넣었을 때, 전류가 갑자기 증가하려 하는 것은 저항을 접속한 경우와 같지만 이번에는 전류가 급격히 증가할 수가 없다. 코일은 자체 유도에 의해서 전류의 증가를 방해하기 때문이다. 그 때문에 전류는 〈그림 5-8〉의 (0)에서부터 (2)와 같이 조금씩 증가한다. (2)의 상태는 이미 콘덴서의 전하가 없어져 버린 상태이다.

  콘덴서의 전하가 없어졌으니까 전류가 갑자기 멎는다? 그렇게는 되지 않는다. 갑자기 멎을 수 없는 것은 자동차만이 아니다. 전류가 감소하려 하면 이번에는 반대로 코일은 자체 유도에 의해서 전류의 감소를 방해하려 한다. 그래서 전류는 갑자기 멎는 것이 아니라 조금씩 감소한다. 이 때문에 전하가 없어진 곳에서는 전류가 멎지 못하고, 전하가 지나쳐 가버려서 최초의 상태와는 플러스, 마이너스가 반대로 되어서 콘덴서에 저

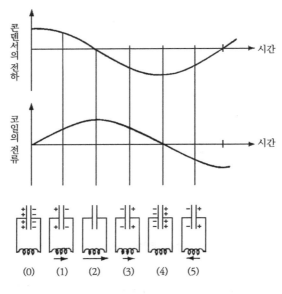

〈그림 5-8〉 진동 회로를 흐르는 전류

장되어 간다. 회로에 저항이 없으면 전류가 멎었을 때는 콘덴
서에는 최초와 같은 양의 전하가 플러스, 마이너스가 반대로
저장되어 있다.

　그리고 다음에는 여태까지와 똑같은 일이 반대 방향으로 일
어난다. 이와 같은 일의 반복으로서, 이 회로에는 왔다 갔다 하
는 전류-진동 전류가 흐른다. 그래서 이 회로를 진동 회로라고
부른다.

선국의 메커니즘

　그네의 진동수는 사슬의 길이로써 결정된다. 기타의 현의 소
리의 높이(진동수)는 현의 굵기와 길이, 현을 팽팽하게 치느냐

느슨하게 치느냐로 결정된다. 그렇다면 전기의 진동 회로의 주
파수는 무엇으로 결정될까? 그것은 코일과 콘덴서의 성질로써
결정된다. 코일이 전류의 변화를 방해하기 쉽고, 콘덴서가 전하
를 저장하기 쉬울수록 전류는 천천히 왕복하기 때문에 주파수
가 작아진다.

코일이 전류의 변화를 방해하는 성질의 크기를 나타내는 데
에 인덕턴스(기호 L)라는 양이 사용된다. 또 콘덴서의 전하를
저장하기 쉬운 정도를 나타내는 데에는 전기 용량이라고 하는
양이 사용된다는 것은 이미 언급했었다. 이 두 가지 양을 사용
하면 진동 회로에 생기는 전류의 주파수는

$$ f = \frac{1}{2\pi\sqrt{LC}} $$

이라는 식으로서 나타낸다.

라디오의 선국에 즈음해서는 콘덴서의 전기 용량 C나 코일
의 인덕턴스 L을 변화시켜서 이 진동 회로의 주파수를 각 방송
국의 전파의 주파수에 다 일치시킨다. 그렇게 하면 진동 회로
는 특정 방송국의 전파와만 잘 공명하여 그것을 끌어내 준다.
1장의 라디오에서 2장의 알루미늄박으로 구성된 콘덴서가 마주
보는 면적을 변화시켰던 것은 콘덴서의 전기 용량을 변화시켜
서 주파수를 조정하고 있었다.

콘덴서에서 무엇이 일어나는가?

여기서 다시 한번 전자기학의 근본 문제로 되돌아가기로 하자.

이미 전자기학의 기본 법칙은 모두 나왔다. 다만 한 가지만
수정이 필요하다는 것은 앞에서 언급했다. 콘덴서에 진동 전류

가 흐르는 경우가 이 문제를 생각하는 좋은 기회이다.

콘덴서의 극판 사이에는 전기장이 형성되어 있다. 진동 전류가 흐르면 극판에 저장되는 전하가 변화하기 때문에 이 전기장은 변동하고 있을 것이다. 이때 콘덴서에 접속되어 있는 도선에는 실제로 전류가 흐르고 있다(즉 전자가 이동하고 있다). 그러나 콘덴서의 극판 사이에는 전류=전자의 흐름이 없다.

먼저 도선 부분에 주목하자. 도선에 전류가 흐르면 그 주위에는 자기장이 형성한다. 이것은 이미 확인된 기본 법칙의 하나이다. 그렇다면 콘덴서의 주위에서는 어떻게 변할까? 거기서만 자기장이 끊어져 있다는 것도 부자연스럽지 않을까? 극판 사이에는 전류 대신 변동하는 전기장이 있다. 이 변동하는 전기장도 도선을 흐르는 전류와 마찬가지로 자기장을 형성한다면 자기장은 끊어지지 않아도 된다.

전류가 없는데도 자기장이 형성되리라고는 생각하기 어렵다. 그런데도 변동하는 전기장 주위에도 전류와 마찬가지로 자기장이 형성된다고 하는 대담한 가설을 제출한 사람이 영국의 맥스웰이다. 그는 자기장의 원인이 되는 것은 전류와 변동하는 전기장의 두 가지라고 주장했다.

다만 다음 점에 주의할 필요가 있다. 전류는 직류처럼 변동하지 않을 때에도 자기장을 형성한다. 그러나 전기장 쪽은 콘덴서에 전하가 저장되어 있을 뿐이고, 전기장이 변화하지 않을 때에는 자기장을 형성하지 않는다. 전기장으로부터 자기장이 형성되는 것은 전기장이 변동했을 경우뿐이다.

맥스웰의 수정을 도입하면 전자기학의 기본 법칙의 하나(제2법칙)는 다음과 같이 된다.

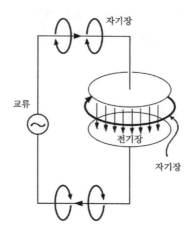

〈그림 5-9〉 변동하는 전기장은 자기장을 만들어낸다

전류 및 변동하는 전기장은 그 주위에 순환형 자기장을 형성한다.

이 법칙은 변동하는 자기장은 그 주위에 순환형 전기장을 형성한다고 하는 법칙(제4법칙)과 쌍을 이루고 있다.

전자기파의 가능성

맥스웰의 가설은 현재는 그 정당성이 확인되어 있지만 1861년의 발표 당시는 좀처럼 받아들여지지 않았다.

이 변동 전기장이 형성하는 자기장을 직접으로 관찰한다는 것은 당시의 실험 기술로는 불가능했다. 또 당시는 여전히 원달설의 입장에 있는 학자가 큰 세력을 떨치고 있었다.

그러나 맥스웰의 가설은 전자기학의 기본 법칙을 완전한 것으로 만드는 동시, 여태까지 인류가 그 존재를 알아채지 못했던 전자기파의 존재를 내면에 숨겨 놓은 것이었다.

다음 6장에서는 전자기파를 둘러싸는 문제를 통해서 원달력과 매달력의 논쟁의 최종적인 결말을 살펴보기로 하자.

6장 전자기파의 세계

1. 전자기파의 발견

우주로부터의 메시지

인류가 전파의 존재를 꿈에서조차 꾸지 못했던 태곳적부터, 우주로부터 전파의 메시지는 지구에 내리쏟고 있었다. 우주의 천체로부터 쏟아지는 전파는 광대한 우주에 대해서 귀중한 정보를 제공해 준다.

태양계 바깥에서 전파를 발생하고 있는 천체를 전파별(電波星)이라고 부르는데, 전파별은 실제는 하나의 별이 아니라 너비를 가진 가스와 별의 집단일 경우가 많아서 전파 천체(電波天體)라고도 불린다.

전파 천체에는 여러 가지 종류가 있다. 전파와 더불어 강력한 X선(이것도 전자기파의 일종)을 내는 X선별. X선을 내는 천체 곁에는 블랙홀(Black Hole)이 존재하는 것도 있다고 생각하고 있다. 블랙홀의 강한 중력에 의해서 성간(星間) 가스가 빨려 들어갈 때 X선이 발생한다.

1초 간격 정도로 규칙적으로 전파의 세기가 바뀌는 펄서. 펄서의 전파는 별의 주기적인 팽창과 수축에서 생긴다. 그 진동 주기는 매우 안정되어 있어서, 현재까지 시간의 기준으로 사용되어 온 원자시계(원자의 진동을 이용)를 대신하여 시간의 새로운 기준이 되고 있다.

은하계 속에 있으면서 빛보다도 대량의 전파를 내는 전파 은하. 그리고 현재의 물리 이론으로는 설명할 수 없을 만큼 방대한 에너지를 방출하고 있는 퀘이사(準星).

이들 전파 천체에는 아직도 미지의 요소가 많다. 전파망원경

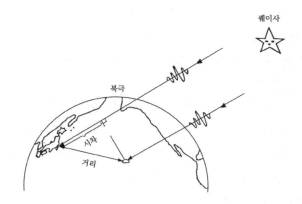

〈그림 6-1〉 VLBI. 퀘이사로부터의 전파의 도착 시각의 시차로부터 거리를
　　　　　　정밀하게 측정한다

은 여태까지의 광학 망원경과는 다른 전파의 눈을 통해서 우주
의 새로운 모습을 밝혀가고 있다.

　별로부터의 전파의 효용은 이뿐이 아니다. 베게너가 주장한
대륙이동이 실제로 일어나고 있다는 것이 퀘이사로부터의 전파
에 의해서 직접 확인되었다. 이를테면 하와이가 해마다 수 센
티미터씩 일본으로 접근하고 있다는 것이 〈그림 6-1〉과 같은
시스템 VLBI(Very Long Baseline Interferometry)으로 관측되고
있다. VLBI는 지구 위의 두 지점 사이의 거리를 퀘이사로부터
오는 전파가 도달하는 시간차로부터 측정한다. 그 오차는 불과
3㎝라고 하니 놀라운 일이다.

맥스웰의 예언

　전파가 텔레비전이나 라디오를 비롯한 통신 수단으로 모든
곳에서 활약하고 있다는 것은 현대인이라면 누구나 다 알고 있

다. 그러나 전파는 눈으로 볼 수도 없고, 손으로 접촉할 수도 없어서 실감으로서는 파악하기 힘들다. 어떻게 그 존재를 명확히 잡을 수가 없을까? 그리고 또 눈에 보이지 않는 전파는 어떻게 발견되었을까?

전파(정확하게는 전자기파)의 발견은 인류에게 새로운 통신 수단을 가져다주는 동시에 원달력과 매달력의 논쟁에 결말을 짓고 전자기장의 존재를 사람들 앞에 밝혀 놓았다. 이 발견에는 영국 맥스웰의 이론적 고찰과 독일의 헤르츠에 의한 실험이 결정적인 역할을 했다.

전자기파의 존재를 이론적으로 끌어내는 데에는 새로운 법칙이 필요하지 않다. 여태까지의 법칙으로써 충분하다. 맥스웰이 새로이 첨가한 '전기장의 변화는 자기장을 형성한다'고 하는 법칙과 전자기 유도에서 밝혀진 '자기장의 변화는 전기장을 형성한다'고 하는 법칙을 조합하기만 하면 된다.

이 두 법칙은 닭이 알을 낳고, 알이 닭으로 되는 닭→알→닭→알…과 같은 형태를 하고 있다. 만약 시초에 어딘가에서 전기장의 변동이 있으면 그것은 자기장의 변동을 만들어 낸다. 그러면 이번에는 자기장의 변동이 전기장의 변동을 만들어낸다. 전기장→자기장→전기장→자기장, 이렇게 하여 전기장과 자기장이 번갈아 가면서 상대를 만들어 내면서 공간을 전달해 갈 것이다.

맥스웰은 이상과 같은 추론에 의해서 전자기파의 존재를 예언했다. 또 그는 전자기파가 전파(傳播)하는 속도를 이론적으로 계산하여 그것이

$$3 \times 10^8 \text{m/s} \ (30만 \text{ km/s})$$

〈그림 6-2〉 전자기학의 체계를 완성한 맥스웰

이라는 것을 제시했다.

이 전자기파의 속도는 어디서 본 적이 있는 값이다. 그렇다, 빛의 속도와 같은 것이다. 이 속도의 일치로부터 맥스웰은 한 걸음을 더 나아가서 '빛이란 이 전자기파의 일종이다'라고 하는 가설을 제창했다. 이것이 유명한 맥스웰의 빛의 전자기파설이다(1861).

맥스웰이란 인물

맥스웰(1831~1879)은 패러데이가 전자기 유도를 발견한 해에 태어났다. 그는 하층 계급인 패러데이와는 대조적으로 영국 북부 스코틀랜드 영주의 아들이었다.

에든버러 중등학교에 입학한 맥스웰은 처음에는 '바보 녀석'

이라는 별명이 붙여질 만큼 그다지 성적이 좋지 못한 학생이었으나 곧 두각을 나타내기 시작했다. 불과 14살 때에 난형 도형(卵形圖形)을 그리는 방법에 대한 논문을 썼고, 그것이 에든버러 왕립협회의 청중 앞에서 읽혔다. 그는 특히 수학에 뛰어난 재능을 보여서 케임브리지 대학을 졸업할 때는 수학 분야 최고의 영예인 스미스상을 받았다. 그의 이 수학적 능력은 패러데이의 자기력선, 전기력선의 개념을 이론적으로 다루기 위해서는 불가결한 것이었다.

맥스웰은 원달력의 이론가들에 의해서 계속 무시되어 온 패러데이의 장(場) 개념을 구출해 내려 했다. 물체가 떨어져 있는 곳의 다른 물체로부터 아무런 매개도 거치지 않고 힘을 받는다고 하는 것은 그에게는 도무지 믿을 수 없는 일이었다. 그의 말을 인용하자.

"우리는 어떤 물체가 다른 물체와 떨어져 있으면서 작용하는 것을 관찰할 때 그 작용이 직접적으로 이루어지고 있다고 생각하기 전에, 그들 물체 사이에 어떤 물질적인 연관이 없는지를 찾는 것이 보통이다. 만약 물체가 실이라든가, 축 또는 한 물체의 다른 물체에 대한 작용을 설명하기에 족할 만한 어떠한 메커니즘으로서 연관된 것을 발견하면, 우리는 떨어져 있으면서 직접적으로 작용한다는 사고를 도입하기보다는 차라리 그것들의 중간적인 고리에 의해서 그 작용을 설명하는 쪽을 선택한다."(카르체브 『맥스웰의 생애』)

패러데이의 전자기장의 개념을 이론화하는 데는 수학뿐 아니라 전자기장을 이미지 할 수 있는 구체적인 모형이 아무래도 필요했다. 이를테면 그는 전류 주위의 자기장을 이해하는 데에 소용돌이 줄과 소용돌이의 흐름을 이용한 모형을 사용했다. 또

전자기 유도를 설명하기 위해서는 톱니바퀴를 조합한 모형을
사용했다. 이것은 아날로지(Analogy, 유추)라고 하는 방법이다.
그는 말한다.

　"물리적 개념을 조립하는 데는 물리적 유추(비교)의 존재에 익숙
해져야 한다. 물리적 유추라고 하는 말 아래서 나는 2개의 어떠한
현상 영역에서 법칙의 부분적인 유사(類似)를 생각하고 있다. 이 유
사 때문에 한쪽 영역이 다른 영역을 위한 도해(圖解)로서 도움이 되
는 것이다."(카르체브『맥스웰의 생애』)

　이리하여 유체와 톱니바퀴의 모형을 이용하면서 맥스웰은 전
자기장을 모조리 수학적인 방정식으로서 정확히 나타내는 데
성공했다. 그러나 그는 이때 이용한 모형을 절대시했던 것은
아니다. 그것은 전자기 이론을 조립하기 위한 발판이었다. 이론
의 조립이 끝난 뒤 그는 그 발판을 제거했다. 이리하여 완성된
전자기장의 이론으로부터 그의 예언이 태어났다.

　맥스웰의 예언은 실제로 매우 대담한 것이었다. 왜냐하면 그
당시 '전기장의 변동이 자기장을 형성한다'고 하는 그의 가설
자체가 아직 실험으로 검증되어 있지 않았다. 맥스웰은 이 미
확인 가설 위에 전자기파의 존재를 예언하고, 빛은 이 미확인
전자기파의 일종이라고 주장했다.

　맥스웰은 자신의 이론과 예언에 자신을 갖고 있었지만, 대부
분의 학자는 이것을 호의적으로 받아들이지 않았다. 그 무렵
원달설의 이론은 때 마침 전성기에 있었고, 전자기장(매달설)의
입장에 서는 맥스웰은 매우 고독했다. 당시 최고의 과학자였던
프랑스의 푸앵카레조차도 "맥스웰의 체계는 기묘할뿐더러 지극
히 복잡한 에테르 구조를 예상하기 때문에 그다지 매력적인 데

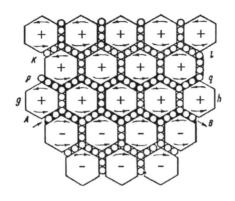

〈그림 6-3〉 전자기 현상을 설명하는 맥스웰의 모형

가 없다"(카르체브 『맥스웰의 생애』)고 말했다. 맥스웰의 기대에 반해서 전자기파의 존재는 그의 생존 중에는 확인되지 않았다.

그러나 맥스웰의 전자기장의 이론은 더욱 엄격한 시련, 즉 시간의 시련을 이겨내고 현재까지 살아남았다.

결정 실험의 조건

천둥이 칠 때나 형광등의 스위치를 넣었을 때 라디오에 잡음이 들어오는 것은 전자기파의 장난이다. 우리 신변에는 언제나 전자기파가 날아다니고 있다.

그러나 전자기파의 존재를 누가 보아도 의심의 여지가 없게 실험으로 입증한다는 것은 그리 쉬운 일이 아니다.

이를테면 전자기파의 발견자인 독일의 헤르츠는 처음 연구를 시작하는 실험에서 〈그림 6-4〉와 같은 발신기의 금속구 사이에 전기적인 불꽃을 튀게 하여, 떨어진 곳에 있는 수신기에서도 불꽃이 튀는 것을 확인하고 있다. 그러나 발신기와 수신기

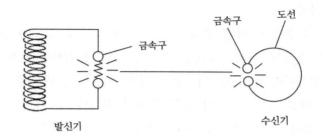

〈그림 6-4〉 헤르츠의 전자기파 실험 장치

에서 불꽃이 튀는 것은 동시였다. 사실은 동시가 아닐지 모르지만, 시간의 차이는 관측되지 않는다.

이래서는 원달력의 사고를 완전히 타파할 수 없다. 발신기 쪽의 전류가 수신기에 직접 전류를 일으키고 있을지도 모르기 때문이다. 맥스웰이 예언하는 전자기파의 속도는 $3 \times 10^8 m/s$나 되기 때문에 실험실 내에서 시간의 지체를 관측한다는 것은 매우 곤란한 일이었다.

전자기파의 존재를 명확히 증명하기 위해서는 적어도 다음의 두 가지 일을 확인할 필요가 있다.

1. 전자기파가 공간을 유한한 속도로써 전파할 것.
2. 공간에 전기장과 자기장(이를테면 그 강약)이 실제로 존재할 것.

이 두 가지 조건을 만족시킨 것이 헤르츠의 실험이다.

진행하지 않는 파동, 정상파

맥스웰에 의하면 전자기파란 전기장과 자기장의 파동인데, 여기서 먼저 파동이라고 하는 것의 일반적인 성질을 확인해 두기로 하자.

로프의 한끝을 벽에 고정하고 다른 한쪽 끝을 손으로 잡아서 로프를 흔들어 본다. 그러면 마루와 골이 손에서부터 벽 쪽으로 전달된다(그림 6-5). 이처럼 파형이 이동하는 파동을 진행파(進行波)라고 한다. 이것이 보통 우리가 머리에 그려내는 파동이다. 파동을 전달하는 로프를 파동의 매질(媒質)이라고 하는데, 파동을 생각할 때 가장 중요한 점은 파동의 마루와 골은 이동해 가지만 로프(매질)는 같은 장소에서 상하로 진동을 반복할 뿐, 절대 이동하지 않는다는 점이다. 로프가 이동하지 않는데도 마루나 골이 진행해 가는 것은 로프의 진동이 앞쪽일수록 뒤늦게 일어나기 때문이다.

그런데 이 같은 진행파와는 상태가 다른 파동도 존재한다. 벽에 고정된 로프를 진동시키는 주기를 잘 조절하면 〈그림 6-5〉의 ⓐ와 같은 파동이 생긴다. 이 파동은 손에서부터 벽으로 진행하는 파동과 그것이 반사하여 벽에서부터 손으로 진행하는 파동이 겹쳐져서 만들어지는 것으로서, 그 마루나 골은 우로도 좌로도 진행하지 않고 같은 장소에서 진동한다. 이처럼 진행하지 않는 파동을 정상파(定常波)라고 한다. 기타나 피아노의 현에는 실제로 이와 같은 정상파가 몇 개나 겹쳐져서 존재하고 있다.

전자기파의 속도는 매우 빠르다. 따라서 로프의 경우와는 달리 진행파를 관측한다는 것은 매우 어렵다. 그러나 전자기파를 반사해서 정상파를 만든다면 어떨까? 정상파에서는 마루나 골은 이동하지 않고 다만 진동이 맹렬한 곳(배, Loop)과 진동이 약한 곳(마디라고 한다)이 있을 뿐이다. 이 전자기파의 정상파를

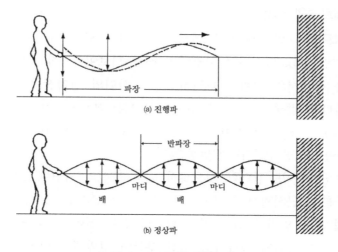

〈그림 6-5〉 진행파와 정상파

만들어서 그것을 관측하려는 것이 헤르츠의 아이디어이다.

또 〈그림 6-5〉의 정상파가 형성되는 방법을 관찰하면 그 마디와 마디 사이의 거리는 본래의 진행파의 파장 절반, 즉 반(半)파장으로 되어 있는 것을 알 수 있다. 따라서 마디 사이의 거리를 측정하면 전자기파의 파장을 알 수 있다. 한편 발신기의 전기 진동의 주파수는 진동 회로의 이론으로부터 계산할 수 있다.

그래서

  파동의 속도

   = 파장×주파수(1개의 파동 길이×1초간에 통과하는 파동의 개수)

라는 관계를 이용하면, 전자기파의 속도를 실험으로 확인할 수 있다.

헤르츠의 실험

헤르츠의 실험에 관한 메커니즘을 다시 한번 자세히 살펴보자(그림 6-4). 발신기는 고전압의 진동 회로이다. 접근시킨 금속구가 콘덴서의 극판에 해당하고, 그 사이의 전기장 변동이 전자기파를 발생시킨다(이때 구 사이를 튀는 불꽃은 공기 속을 번갈아 흐르는 진동 전류인데, 이것은 꼭 필요한 것은 아니며, 전기장의 변동이 있으면 전자기파가 발생한다).

수신기도 또 간단한 것으로서 원형 도선의 양단에 2개의 금속구를 접근시켜서 부착한 것이다. 이 수신기도 모양은 꽤 다르게 되어 있지만 실은 진동 회로와 같은 것이다. 두 금속구가 콘덴서의 극판에 해당하고 도선 부분이 코일에 해당한다. 다만 이것은 감지 않은 코일이다. 발신기에 불꽃을 튀게 하면 수신기 쪽에서도 불꽃이 튄다는 것은 이미 확인되어 있다. 여기서 헤르츠는 벽에 연결한 로프 때와 마찬가지로 전자기파를 반사하기 위해, 발신기와 마주 보는 위치에 금속판을 두었다. 이렇게 하면 발신기와 금속판 사이에 전자기파의 정상파가 만들어질 것이다.

헤르츠는 수신기를 발신기와 반사판 사이의 여러 위치에 두고 불꽃이 튀는 상태를 조사했다. 그러자 그가 예상했던 대로 수신기의 위치에 따라서 불꽃이 세게 튀는 곳과 거의 튀지 않는 곳이 관측되었고, 정상파의 배와 마디가 확실히 존재한다는 것을 알았다. 그는 정상파의 마디와 마디 사이의 거리(반파장)를 측정하고, 거기서부터 전자기파의 속도가 맥스웰이 예언한 대로 $3 \times 10^8 \mathrm{m/s}$라는 것을 확인했다. 이리하여 헤르츠는 공간에 전자기장의 강약이 존재하고, 그것이 유한한 속도로써 전파한다는

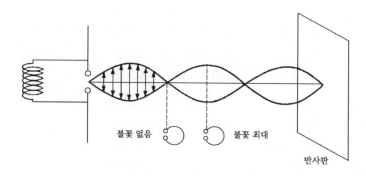

〈그림 6-6〉 정상파에 의한 결정실험

것(전자기파의 존재)을 뭇 사람들 앞에 밝혔다.

헤르츠의 전자기파 발견에 관한 뉴스는 신문에서도 크게 다루어져서 금방 전 세계로 퍼져 나갔다. 때는 1888년으로 인류는 여태까지 전혀 알지 못했던 전자기파의 존재를 확인했다. 이리하여 전자기파를 이용한 무선통신 시대가 개막되었다. 이탈리아의 마르코니와 러시아의 포포프가 무선통신의 실험에 성공한 것은 1895년의 일이었다.

헤르츠의 실험은 동시에 공간에는 전기장과 자기장이 존재한다는 것을 모든 사람 앞에 밝혀내어 원달력과 매달력의 논쟁에 최종적인 결말을 지었다.

빛과 전파, 어디가 다른가?

전자기파가 확실히 공간에 존재한다는 것을 확인한 헤르츠는 맥스웰의 또 하나의 가설, 빛의 전자기파설의 정당성도 밝혀냈다.

그는 전자기파의 속도가 빛과 같은 3×10^8m/s이고, 전자기

〈표 6-7〉 여러 가지 전자기파

(1nm=10^{-9}m, 1kHz=10^3Hz, 1MHz=10^6Hz, 1GHz=10^9Hz)

	명칭	파장	주파수	이용사례
전파	VLF 극장파	10~100km	3~30kHz	
	LF 장파	1~10km	30~300kHz	선박, 항공기용 통신
	MF 중파	100m~1km	300~3,000kHz	AM 라디오
	HF 단파	10~100m	3~30MHz	원거리 라디오
	VHF 초단파	1~10m	30~300MHz	FM 라디오, TV
	UHF 극초단파	10~100cm	300~3,000MHz	TV, 택시무선, 레이다
	SHF	1~10cm	3~30GHz	전화중단, 레이다, 위성 TV
	EHF	1~10mm	30~300GHz	전화중단, 레이다
적외선		780nm~1mm		적외선 사진, 건조
가시광선		380~780nm		광학기계
자외선		10~380nm		살균등
X선		0.001~10nm		X선 사진, 재료검사, 의료
감마선		0.1nm 미만(주로 방사성 원자핵으로부터 발생)		재료검사, 의료

파가 반사나 굴절 등, 빛과 같은 성질을 나타낸다는 것을 확인
했다.

이리하여 빛은 전자기파의 일종이라는 것을 알았고, 여태까
지 별개로 진행되어 왔던 빛과 전자기 연구의 흐름은 여기서
하나로 합류하게 되었다.

전자기파 중의 파장이 길고, 통신에 사용되는 부분의 호칭으
로서 그 범위는 파장이 0.1mm까지이다. 전자기파의 속도는 파
장에는 상관없이 일정하기 때문에 [속도=파장×주파수]의 식에

의해서 파장이 짧은 전자기파일수록 주파수가 크다는 것을 알수 있다.

눈에 보이는 빛(가시광)과 눈에 보이지 않는 전파와는 파장이다르다. 빛은 전자기파의 일종이기는 하지만 통신 등에 사용되는 전파에 비교하면 훨씬 파장이 짧다. 현재는 파장이 다른 전자기파가 여러 가지 목적에 이용되고 있다. 그 상태를 〈표6-7〉에 정리해 두었다.

전자기파가 전파하는 상태는 파장의 길고 짧은 것에 관계된다. 일반적으로 파동이 장애물의 그늘로 접어드는 현상을 회절(回折)이라고 하는데, 파장이 긴 파동일수록 회절 효과가 크다. 전자기파도 마찬가지여서 AM 라디오에 사용되는 MF(중파)는 회절하기 쉽고, 산 그늘 따위로도 도달하지만, 텔레비전에 사용되는 VHF(초단파), UHF(극초단파)는 회절하기 어려워서(즉 직진성이 증가하여) 산이나 빌딩의 그늘에는 도달하기 어렵다.

전자기파 발생의 메커니즘

전자기파의 존재를 실증한 헤르츠는 다음으로 그것의 발생메커니즘의 이론적인 해명으로 나아갔다.

전자기파를 발생시키는 데는 전기장과 자기장을 변동시킬 필요가 있다. 그렇다면 최초의 전기장과 자기장의 변동은 어떻게만들어 내는가?

전기장과 자기장의 근원이 되는 것은 전하를 가진 입자이다. 그러나 하전 입자가 정지해 있을 때는 정적인 전기장밖에는 만들지 않는다. 또 하전 입자가 등속으로 운동해도 전자기파는 발생하지 않는다. 그것은 일정한 세기의 직류 전류(등속으로 운동하는 하전 입자의 집합)가 시간상으로 변화하지 않는 자기장밖에는 만들지 않는 것으로부터 추측할 수 있다. 전류가 변화하는, 즉 하전 입자의 속도가 변하고 가속도가 있는 운동을 할 때 비로소 전자기장의 변동이 만들어지고 전자기파가 발생한다.

다시 한번 헤르츠의 장치를 자세히 살펴보자(그림 6-4). 헤르츠의 발신 장치의 핵심은 2개의 금속구를 접근시켜 두고, 그 금속구의 전기량을 번갈아 가면서 변화시키는 데에 있다. 금속구의 전기량을 번갈아 가면서 변화시키기 위해서는 진동 회로가 만드는 교류가 이용되고 있다. 금속구로 드나드는 전자의 가속도 운동이 전자기파의 원인이 된다.

맥스웰의 이론에 따르면 전자기파는 전기장과 자기장이 서로 상대를 만들어 내면서 진행하는 것인데, 여기서는 그 결과로서 전기장과 자기장이 각각 어떤 형태로 진행해 가는지 그 상태를 살펴보기로 하자.

〈그림 6-8〉 (a)에 그려져 있는 것은 종이 면과 일치하는 평면 위에서의 전기장의 상태이다. (1)~(3)과 같이 위쪽 금속구에는 플러스, 아래쪽 금속구에는 마이너스의 전하가 저장되어 가면 하향의 전기력선이 증가해 간다. (3)~(5)에서는 금속구의 전하가 감소해 가고. 전기력선도 감소한다.

이때 (1)~(3)에서 형성된 전기력선은 금속구 사이로부터 밀어내서 비눗방울처럼 금속구로부터 떨어져 나간다. 다음에 (5)~(7)에서는 금속구에는 최초와 반대의 전하가 저장되어 가고 상향의 전기력선이 만들어진다. 이 전기력선은 먼저 만들어져 있던 전기력선의 뒤를 이어서 퍼져나간다. 이하 같은 과정을 반복하여 전기력선이 공간으로 퍼져 나간다.

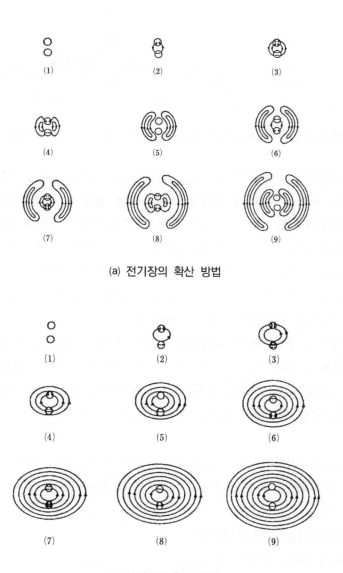

(a) 전기장의 확산 방법

(b) 자기장의 확산 방법

〈그림 6-8〉

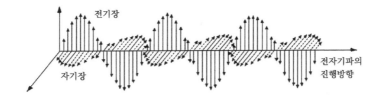

〈그림 6-9〉 전자기파의 전파 방법. 전기장과 자기장은 항상 직교하고 있다

다음에는 〈그림 6-8〉 (b)를 보면서 자기장의 상태를 생각해 보자. 금속구 사이의 전기장이 변동하면 원형의 자기력선이 형성된다(맥스웰). 금속구 사이의 전기장의 방향이 주기적으로 변동하면 자기력선의 방향도 우회전, 좌회전으로 번갈아 가면서 변동한다. 이 자기력선도 차례차례로 바깥쪽으로 퍼져 나간다. 금속구의 중심을 가로지르는 수평면 상태는 마치 수면에 돌을 떨어뜨렸을 때의 원형 파문을 닮았다.

여기서 종이 면을 수평으로, 오른쪽으로 진행하는 전기장과 자기장에 주목하자. 그 상태는 금속구로부터 떨어져 있는데서는 〈그림 6-9〉와 같이 되어 있다. 전기장과 자기장의 진동 방향은 서로 직교하여 있고, 어느 쪽도 진행 방향에 대해서 수직이다.

즉 전자기파는 진행 방향과 진동 방향이 수직인 횡파(橫波)이며, 음파와 같은 진행 방향이 같은 종파(縱波)가 아니다.

전자기장은 에너지를 갖는다

전자기파의 발견은 전기장, 자기장의 존재를 밝혀내는 동시에 전기장과 자기장이 에너지를 갖는다는 것도 동시에 제시했다.

태양 빛은 우리 지구를 데워주고, 식물은 광합성(光合成)에 의해서 그 에너지를 영양분으로 바꾼다. 가시광보다 조금 파장이 긴 적외선은 열선(熱線)이라고도 불리며, 적외선 난로 등의 난방에 이용된다. 가시광보다 파장이 짧은 자외선은 살균 작용이 있고, 볕에 그을리는 원인이 된다. 더욱 파장이 짧은 X선은 인체를 투과하여 그 상태를 필름에 감광케 한다. X선이나 γ선과 같이 파장이 짧아지면 전자기파의 작용이 강해지고, 세포에 나쁜 영향을 주어 생물이나 인간에게 위험하게 된다.

전자기파는 그 근원이 없어져도 공간에 존재할 수 있다.

1987년 지구 위의 천문대는 지구로부터 17만 광년 떨어져 있는 마젤란 성운(星雲)에서 한 별이 대폭발을 일으키고 그 생애를 마친 것을 관측했다. 우리 지구에서는 이 별의 폭발에 의한 전자기파를 1987년에 포착했는데, 실제의 폭발은 17만 년 전에 일어났다. 폭발에 의해서 별이 산산조각으로 흩어져 버렸다고 하더라도 전자기파는 17만 년 동안 우주 공간을 계속하여 진행해 왔다는 것이 된다. 이처럼 전자기파, 즉 전기장과 자기장은 그 근원이 되는 물질이 없어지더라도 그것과는 독립하여 공간에 존재할 수 있는 것이다. 즉 자연계는 물질 입자와 장이라고 하는 두 종류의 존재로부터 구성되어 있다는 것이 된다.

전자레인지의 메커니즘

전자기파의 에너지를 직접으로 이용하고 있는 것은 전자레인지이다. 전자레인지는 줄열을 이용하는 전열기와 전자기 유도를 이용하는 전자기 조리기와는 그 작용 방법이 다르다.

전자레인지 속에는 마그네트론이라고 하는 전자기파의 발진

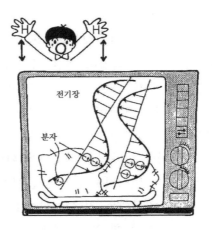

〈그림 6-10〉 전자레인지. 전자기파의 전기장 진동으로 분자를 진동해 음식물
을 내부로부터 데운다

기가 있어서 거기서부터 파장 약 1.2cm의 마이크로파라고 불리
는 전자기파가 나온다. 전자레인지 속에 식품을 넣으면 식품
속의 분자는 마이크로파의 맹렬하게 진동하는 전기장에 드러나
게 된다. 전기장 속에 분자를 두면 분극(分極)이라는 현상을 일
으킨다는 것은 2장에서 언급했다. 더욱이 식품 중의 물의 분자
는 자연 상태로서 분극되어 있어서, 마이크로파의 전기장의 방
향이 맹렬하게 변동하는 데에 공진(共振)하여 진동한다. 이 때문
에 식품 속의 분자가 맹렬하게 운동한다. 이 분자의 운동이 열
이며, 운동이 맹렬해질수록 식품의 온도가 상승한다. 이리하여
식품은 눋지도 않고 내부로부터 데워지게 된다.

2. 정보의 운반꾼

아날로그 방식의 대표, AM과 FM

전자기파를 응용하고 있는 것의 대표는 물론 무선통신이나 라디오, 텔레비전 방송이다. 전자기파는 그 위에 소리와 영상(映像)이라고 하는 정보를 실을 수가 있다. 정보를 싣는 방법에는 AM, FM이라고 하는 아날로그 방식과 PCM(펄스 부호 변조)이라고 하는 디지털 방식이 있다.

AM이란 진폭 변조(變調)라는 뜻으로서, 최초의 라디오 방송이 이 방식으로 시작되었다. AM 방식에서는 〈그림 6-11〉과 같이 음성 신호를 일정한 주파수의 파동과 합성하여 진폭을 크게 또는 작게 하여 준다. 이리하여 진폭에 주어진 음성 정보를 수신기로 끌어내는 메커니즘은 이미 알고 있으리라 생각한다. AM 라디오의 다이얼을 살펴보면 그 주파수는 530~1,600킬로헤르츠(kHz)로 되어 있다. 이 전파의 파장은 570~190m 정도로 꽤 길다.

한편 FM이라는 것은 주파수변조(周波數變調)를 말한다. FM 방식에서는 〈그림 6-12〉와 같이 음성 정보를 전자기파의 주파수 변화로서 표현한다. FM 방송은 AM보다 잡음이 적다. FM 라디오의 다이얼을 살펴보면 그 전파의 주파수는 76~90메가헤르츠(MHz)로 되어 있다(1MHz는 10^6Hz). 그 파장은 4~3.3m로 상당히 짧아진다. 또 텔레비전의 음성도 FM 방식으로 보내지고 있는데 VHF에서는 그 주파수가 90~220메가헤르츠, 파장은 3.3~1.4m이고, UHF에서는 주파수가 470~770메가헤르츠, 파장은 64~39㎝이다. 이러한 전파의 파장은 뒤에서 언급하게 될

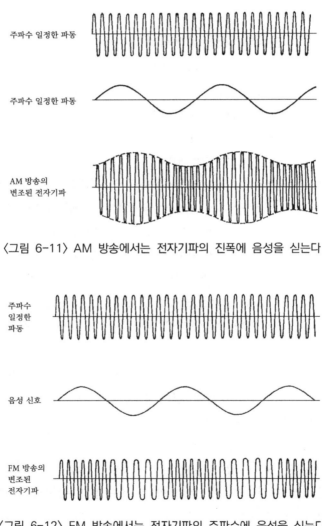

주파수 일정한 파동

주파수 일정한 파동

AM 방송의
변조된 전자기파

〈그림 6-11〉 AM 방송에서는 전자기파의 진폭에 음성을 싣는다

주파수
일정한
파동

음성 신호

FM 방송의
변조된
전자기파

〈그림 6-12〉 FM 방송에서는 전자기파의 주파수에 음성을 싣는다

안테나의 길이와 관계하게 된다.

라디오를 물에 담그면?

라디오를 물에 담근다고 하지만 물론 그대로 담그는 것은 아니다. 라디오의 스위치를 켠 채 비닐 주머니에 넣어서 물에 담근다. 물속에서도 라디오가 들릴까? 실제로 해 보면 얕은 곳이라면 라디오가 들린다. 그러나 점점 깊숙이 가라앉혀 가면 라디오는 들리지 않게 된다. 전파는 물에서 전달되지 않으며 흡수되기 쉽다.

깊숙이 잠수해 있는 잠수함과는 전파로 교신이 되지 않는다.

그럼, 라디오를 쇠 그물로 감싸면 어떻게 변할까? 이때도 라디오는 들리지 않는다. 금속은 전파를 차단한다.

다른 것은 어떨까? 유리, 종이, 천 등 여러 가지로 시험해 보자.

PCM, 디지털 통신 시대

AM이나 FM과 같은 아날로그 방식의 정보 운반 방식에 대해서 급속히 발달하고 있는 것이 PCM으로 불리는 디지털 통신 방식이다. PCM이란 펄스 부호변조(符號變調: Pules Code Modulation)를 말하며 AM, FM과 마찬가지로 정보를 표현(변조)하는 방법의 명칭이다.

PCM 방식은 먼저 콤팩트디스크(CD)와 디지털 오디오 테이프(DAT)의 형태로 우리 신변에서 이용되기 시작했다. 전화의

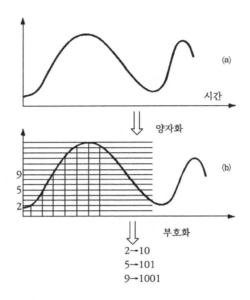

〈그림 6-13〉 PCM에서는 정보를 2진수로 보낸다

회선에서도 광파이버(광섬유)의 이용과 더불어 아날로그 방식으로부터 PCM 방식으로의 전환이 진행되고 있다.

PCM 방식에서는 〈그림 6-13〉과 같이 음성 신호 (a)를 (b)와 같이 일정한 시간 간격마다 정숫값으로서 판독한다〔이것을 양자화(量子化)라고 한다〕. 그런 다음, 이 정숫값을 십진법의 수치로부터 이진법의 수치로 변환한다〔이것을 부호화(符號化)라고 한다〕. 음성 정보는 최종적으로는 이진수, 즉 0과 1의 숫자의 행렬로 된다. 이와 같은 숫자 행렬은 콤팩트디스크의 들쭉날쭉이나 자기 테이프의 N극, S극의 형태로서 보존할 수 있다.

0과 1로 부호화된 음성 정보를 전자기파에 실으면 디지털의 무선통신으로 된다. 디지털 무선통신은 초기에는 우주 탐사선

에 의한 행성의 영상 송신에 이용되고 있었다. 그리고 1987년
에 시작된 위성 텔레비전 방송에서는 음악 프로의 음성이 이
PCM 방식으로 보내지고 있다.

그리고 위성 텔레비전의 전파의 주파수는 12기가헤르츠(GHz,
1GHz는 10^9Hz), 파장은 2.5㎝의 짧은 것이다.

디지털통신은 앞으로 급속히 그 이용이 확대될 것으로 생각
된다. 이 방식은 잡음에 대해서 매우 강하다. 그것이 강한 비밀
을 두 가지만 들어보겠다. 하나는 PCM 방식으로 보내지는 신
호는 0과 1의 두 종류밖에 없다는 점이다. 만약 잡음에 의해서
1의 신호가 0.8이 되더라도 수신 쪽은 1로 간주해도 되며, 0
의 신호가 0.1이 되더라도 0으로 간주할 수 있다.

또 PCM 방식에서는 정보를 전달하는 도중에서 정보의 탈락
이 일어나더라도 수신 쪽에서 이것을 정정하여 정확한 정보로
되돌려 놓는 요술과 같은 일을 할 수 있다. 이것을 오류 제어
방식이라고 하는데, 알기 쉽게 말하면 다음과 같은 방법과 마
찬가지의 원리가 이용된다. 이를테면 2, 1, 3이라고 하는 정보
를 보낸다고 하자. 그때 이 세 정보 외에 2+1+3=6이라고 하
는 또 하나의 정보를 첨가해서 보낸다. 그렇게 하면 정보가 수
신 쪽에 도착하기까지에 이를테면 2라고 하는 정보가 탈락하더
라도 □+1+3=6이라는 식으로부터 이 2를 수신 쪽에서 재현할
수가 있다.

반파장 안테나란?

이야기가 좀 앞서 버렸지만 여기서 전자기파의 발신, 전파(傳
播), 수신의 메커니즘을 좀 더 자세히 살펴보기로 하자. 우선

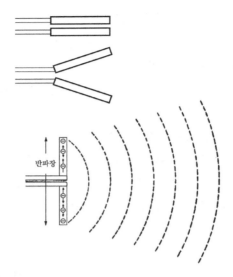

〈그림 6-14〉 반파장 안테나. 정상파를 이용하여 효율적으로 전자기파를
　　　　　　복사한다

발신의 메커니즘부터 시작하자.

　전자기파의 발신에는 안테나가 사용된다. 헤르츠가 이용한 2
개의 금속구로부터의 전자기파의 복사를 다이폴(쌍극) 복사라고
하는데, 이 복사 효율을 개량한 것이 반파장(半波長) 안테나이
다. 안테나란 본래 곤충의 더듬이를 말하는데, 반파장의 다이폴
안테나는 더듬이와 흡사한 형태를 하고 있다. 이 안테나는 〈그
림 6-14〉와 같이 콘덴서의 극판을 일직선이 되게 벌여 놓은
것이라고도 생각할 수 있다.

　반파장 안테나의 특징은 이름 그대로 안테나의 길이를 복사
하고자 하는 전자기파의 파장 절반으로 한 데에 있다. 반파장
으로 되어 있는 것은 안테나를 흐르는 진동 전류, 즉 전자의

진동이 정상파를 만들게 하기 위한 것이다. 헤르츠의 실험 때
에 설명한 정상파 이야기를 상기해 주기 바란다. 정상파 1개의
길이는 파장의 절반이 되기 때문에 반파장의 안테나에는 딱 전
류 1개의 장상파가 만들어진다. 짧은 안테나일수록 파장이 짧
은 정상파가 만들어지기 때문에 단파장(즉 고주파수)의 전자기파
를 복사한다. 이것은 관악기(管樂器)의 짧은 관일수록 높은음(높
은 진동수의 음)을 내는 것과 흡사하다.

전자기파의 전파 방법

안테나로부터 복사된 전자기파는 속도 3×10^8m/s로 공간을
전파해 간다. 그 상태는 전자기파의 복사 방법에 따라서 여러
가지이다.

라디오나 UHF, VHF TV의 전자기파는 〈그림 6-15〉의 (a)와
같이 전기장(또는 자기장)의 진동 방향이 항상 하나의 평면 위에
있다. 이와 같은 전자기파를 직선편파(値線偏波)라고 한다. 그 상
태는 체조 선수가 리본을 상하로 하면 상하로 움직이듯 일정한
방향으로 흔들었을 때 생기는 리본의 파동과 같다.

한편, 리본을 원형으로 흔들면 리본에는 나선 모양의 회전하
는 파동이 전해간다. 이것과 마찬가지로 전기장과 자기장이 회
전하면서 전파해 가는 전자기파를 만들 수가 있다. 이와 같은
전자기과를 원편파(円偏波, 〈그림 6-15〉 (b))라고 하는데, 위성 방
송 텔레비전에서는 이 원편파가 사용되고 있다. 원편파에는 우
회전과 좌회전이 있고, 수신 쪽에서 이것을 구별할 수 있어서
혼신을 피하는 데 편리하다. 실제로 일본의 위성 방송에서는
우회전의 원편파를 사용하게 되어 있고, 대한민국과 북한에는

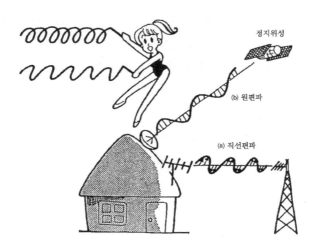

〈그림 6-15〉 직선편파와 원편파

좌회전 원편파가 할당되어 있다.

전기장으로부터 전류를 만들어 내는 수신 안테나

안테나로부터 복사되어 공간을 전파해 온 전자기파를 수신하는 데는 마찬가지로 안테나가 사용된다.

수신 안테나에도 여러 가지 형식이 있는데, 기본적인 것은 역시 반파장 안테나로서 텔레비전의 안테나가 이 형식에 속한다. 반파장 안테나는 전자기파의 전기장과 자기장 중 전기장으로부터 전류를 만들어 내려는 안테나로서, '하전 입자는 전기장으로부터 힘을 받는다'고 하는 기본 법칙을 이용하고 있다. 전자기파에 대해서 〈그림 6-16〉과 같이 안테나를 돌려놓으면, 안테나 부분에서의 전기장의 진동이 전자의 진동을 만들어 내어 안테나에 전류가 발생한다.

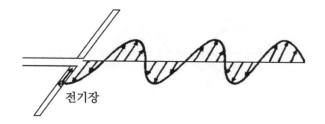

전기장

〈그림 6-16〉 반파장 안테나. 전기장의 변동이 전자를 진동시킨다

안테나의 길이를 반파장으로 하는 이유는 발신의 경우와 마찬가지로 수신하고자 하는 전자기파와 안테나에 발생하는 전류를 공진시키기 위한 것이다. UHF TV에서는 파장이 3.3~1.4m이므로 안테나는 긴 것에서는 1.5m 정도이고, VHF TV에서는 파장이 64~39cm이므로 안테나는 30~20cm 정도이다. 한 번 옥상에 있는 안테나를 살펴보기 바란다.

또 하나의 형식, 자기장으로부터 전류를 얻는 안테나도 자주 이용된다. 루프 안테나라고 불리는 것이 그것이다. 가장 간단한 루프 안테나는 한 번 감은 코일이다. 이것을 〈그림 6-17〉과 같이 전자기파로 향하게 하면 코일을 관통하는 자기장의 세기가 변화한다. 이 때문에 전자기 유도의 법칙에 의해서 코일에 유도 전류가 발생한다. 휴대용 라디오에 들어 있는 페라이트 안테나도 마찬가지로 전자기 유도의 법칙을 이용하고 있다. 이 안테나에서는 코일을 감는 수를 많게 하고, 다시 페라이트라는 강자성체의 막대를 넣어서 감도를 높여 주고 있다.

또 한 가지 전파 망원경, 전화의 무선 회선, 위성 방송의 수신 등에 사용되는 파라볼라 안테나에 대해서도 언급해 두기로 하자. 파라볼라란 포물선을 말한다. 파라볼라 안테나에서는 평

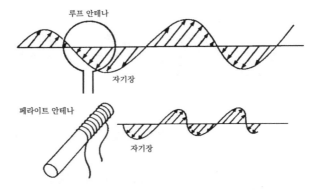

〈그림 6-17〉 자기장의 변동으로부터 전류를 얻는 안테나

행인 전자기파가 포물면에 입사(入射)하면 모두 초점에 집중하기 때문에 약한 전자기파를 강화할 수 있다. 초점 부분에는 작은 안테나가 두어지고 거기서 전류가 얻어진다. 즉 이 초점에 있는 것이 본래의 안테나이며 파라볼라 부분은 반사거울의 구실을 하는 것이다.

레이더의 메커니즘

파라볼라 안테나라고 하면 금방 레이더를 생각하는 사람이 있을 것이다. 레이더는 통신과 더불어 대표적인 전자기파의 응용이다. 현재 레이더는 선박, 항공기 운항이나 유도, 태풍 등의 기상 관측, 인공위성을 통한 한 지표(地表)의 관측 등 광범위하게 이용되고 있다.

레이더는 목표 물체를 향해서 전파를 발사하고, 그 반사파가 되돌아오기까지의 시간을 측정하여, 거기서부터 물체까지의 거리를 구한다. 전파가 왕복하는 데에 걸리는 시간을 t, 전파의

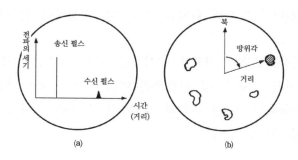

〈그림 6-18〉 레이더의 표시법

속도를 c로 하면 물체까지의 거리 d는

$$d = \frac{ct}{2}$$

로서 주어진다. 펄스파를 이용하면 거리는 〈그림 6-18〉의 (a)와 같이 표시된다.

물체까지의 거리와 더불어 물체의 방위를 조사하기 위해서 파라볼라 안테나는 회전할 수 있게 되어 있다. 이렇게 하면 물체까지의 거리와 그 방위를 브라운관 위에 표시할 수 있다(〈그림 6-8〉의 (b)).

기상 레이더에서는 대기 속의 비나 구름의 물방울로부터의 반사를 조사하여 비나 구름의 분포를 알아낸다. 그 활약은 태풍의 관측에서 잘 알려져 있다.

항해 중인 선박이나 비행 중인 항공기가 자신의 위치를 알기 위해서는 여러 가지 전파 항법(電波航法) 시스템이 이용되고 있다. 전파 항법에서는 지상국(地上局)으로부터 항상 전파가 발사되고 있어서, 선박이나 항공기는 몇 개의 지상국으로부터의 전파를 수신하여 자신의 위치를 알아낸다. 지상국은 전파의 등대이다.

인공위성으로부터 지표를 조사하는 리모트 센싱에서도 가시광선 이외의 전자기파를 사용하면 여러 가지 정보를 얻을 수가 있다. 이를테면 지표로부터의 적외선의 분포를 조사하면 지표의 온도를 알 수 있다.

3. 전자기장의 본성

마지막 문제—에테르

전자기학의 발전에 의해서 인류는 예상조차 하지 못했던 전자기파라고 하는 자연의 선물을 손에 넣었다. 이 전자기파의 성질을 생각할 적에는 새로운 법칙이 하나도 나오지 않았다는 사실을 다시 한번 상기해 보자. 전자기학에는 5장까지에 나온 법칙 이외의 기본 법칙은 존재하지 않는다. 다만 그것들의 조합에 의해서 전혀 새로운 전자기파라고 하는 현상이 예언되었고, 그 존재가 확인되어 응용되고 있다.

그렇다면 전자기학에 대해서는 여기까지 모든 원리적인 문제가 해결되었고, 나머지는 여러 가지 응용만을 생각해 가면 되는 것일까? 그렇게 생각하고 싶기는 하지만, 마지막으로 한 가지만 더 해결해 두지 않으면 안 될 문제가 남아 있다. 그것은 이미 알아챘을지도 모르지만, 전자기파의 매질은 무엇이냐고 하는 문제이다. 아인슈타인의 상대성이론은 이 문제의 탐구에서부터 태어났다. 우리도 이 책의 마지막 테마로서 전자기파의 매질을 둘러싸는 문제를 생각해 보기로 하자.

헤르츠, 에테르를 발견?

이야기는 약간 과거로 되돌아간다. 헤르츠에 의한 전자기파의 발견은 패러데이와 맥스웰의 전기장 이론을 실험으로 확인하여 그것을 확고부동한 것으로 만들었다. 헤르츠의 발견은 큰 뉴스로 많은 과학자의 주목을 끌었다. 현재 우리는 그 당시 과학자들이 '전기장의 존재가 마침내 확인되었다'라고 받아들일지도 모른다. 뜻밖에도 그들은 에테르의 존재가 확인되었다'고 생각했다. 이것은 도대체 무엇을 의미하고 있을까?

우리가 소박하게 생각하더라도 아무것도 없는 진공 속을 어떠한 파동이 전파해 간다는 것은 이해하기 어렵다. 물리학자에게도 사정은 마찬가지이다. 대부분의 물리학자는 전자기파의 발견에 의해서 빛을 포함하는 전자기파를 전달하는 매질, 에테르의 존재가 확인되었다는 것으로 생각했다.

그래서 물리학자들이 다음에 문제로 삼은 것은 이 에테르란 과연 어떤 성질의 물질이냐고 하는 점이다. 그들은 여러 가지 에테르의 모형을 경쟁적으로 만들었다. 그러나 갖은 노력에도 불구하고 전자기 현상을 모조리 잘 설명할 수 있는 에테르의 모형을 만든다는 것은 아무리 해도 불가능했다.

게다가 에테르라고 하는 물질이 있다고 한다면 그것은 우주 공간에 정지해 있는 것이냐 아니면 지구 등의 운동과 더불어 이동하는 것이냐고 하는 어려운 문제도 생긴다.

전자기 유도의 패러독스

에테르의 문제를 생각하면서 전자기장의 특징을 선명하게 가리키는 전자기 유도의 패러독스를 생각해 보기로 하자. 이것은 아인슈타인이 상대성이론을 만들어 내는 계기가 되었던 패러독스이기도 하다.

〈그림 6-19〉의 (a)와 같이 자석 사이에 금속판을 끼우고 이것을 오른쪽으로 움직여 본다. 이때 자석에 의한 자기장 속을 금속 속의 자유 전자가 오른쪽으로 운동하기 때문에 전자에는 로런츠 힘이 작용한다. 전자에 작용하는 로런츠 힘의 방향은 IB의 법칙에 의해서 금속판의 손 앞쪽에서부터 저편 방향이다. 따라서 금속판에는 손 앞쪽이 플러스, 저편 쪽에 마이너스의 유도 기전력이 생긴 것이 된다. 여기까지는 아무런 문제가 없다.

다음에는 입장을 바꾸어서 이 현상을 금속판과 함께 오른쪽으로 이동해가면서 관찰하자. 이렇게 하면 금속판은 정지해 있는 것이 되고, 속의 자유 전자도 이동하고 있지 않기 때문에 자석에 의한 자기장이 있더라도 로런츠 힘은 작용하지 않는다. 따라서 앞에서와 같은 유도 기전력은 생기지 않는 것이 아닐까? 이것이 패러독스이다. 이 패러독스의 답은 독자 여러분에게는 이미 상상할 수 있는 것이 아닐까?

후자의 입장에서 다시 한번 생각해 보자. 금속판과 더불어 이동하면서 관찰하는 것은 〈그림 6-19〉의 (b)와 같이 금속판을 정지 시켜 두고, 자석을 좌우로 움직이는 것과 같은 것이다. 이 경우 금속판 속의 전자가 정지해 있는 이상 자기장으로부터 힘이 작용하는 일은 없다. 그렇다면 전자에 힘을 미치는 것은 전기장밖에 없다.

〈그림 6-19〉 장의 상대성이란?

금속판과 더불어 이동해 가면서 관측하면 금속판은 정지해 있지만 이번에는 자석과 함께 자기장이 이동하고 있다. 그렇게 되면 자기의 이동에 의해서 금속판 저편 쪽으로부터 손 앞쪽으로 향하는 전기장이 발생하고, 그 전기장으로부터 전자가 힘을 받는 것이 된다.

그러나 이것은 어떤 의미에서는 놀라운 결론이다. 자석과 더불어 정지하여 관측하는 경우에는 전기장이 없다. 그런데 금속판과 더불어 이동해 가면서 관측하면 전기장이 나타나는 것이다.

우리는 이처럼 관측하는 입장에 따라서 나타났다, 사라졌다 하는 물질을 상상할 수가 없다. 전기장뿐 아니라 자기장도 이 예와 같아 관측자의 입장에 따라서 크기가 변화하거나, 나타났다가 사라졌다가 하는 것이다. 이와 같은 성질을 장의 상대성이라고 하는데, 이것은 전자기장을 전달하는 물질, 에테르의 존재를 딱 잘라 부정하는 것이다.

장은 독자적인 존재

이리하여 전자기장에 처음부터 마지막까지 따라붙고 있던 에테르의 문제는 그 존재가 부정되는 형태로서 결말이 났다.

현재는 전자기장은 물질과는 관계없이 그 자신이 독자적으로 공간에 존재할 수 있는 것으로 생각하고 있다. 바꿔 말하면 장이란 공간 자체가 지닌 성질이다.

맥스웰의 전자기학 세계란 말하자면 입자와 장의 이원론적(二元論的)인 세계이다. 거기에 존재하는 것은 전자나 양성자와 같은 전기를 띤 입자와 그 입자와 상호 작용을 하는 전자기장의 두 종류이다. 전자기의 세계는 이 두 종류의 존재로부터 구성되어 있다. 그리고 이 장과 입자의 세계를 관장하는 것이 4장 끝에 정리한 소수의 기본 법칙이다.

어쩌면 우리는 입자가 공허한 공간을 날아다니고 있다고 하는 자연계의 이미지에 좀 지나치게 익숙해져 있는지도 모른다. 우리 신변의 공간은 실제는 공허한 것이 아니라 거기에는 항상 전자기파가 날아다니고 있다. 태양이나 전등으로부터의 빛, 우주 공간으로부터의 전자기파, 통신에 사용되는 전파 그뿐이 아니다. 모든 물질로부터도 항상 전자기파가 복사되고 있다. 물질 속의 분자, 원자, 전자는 절대 0도(약 -273℃)가 되지 않는 한, 언제나 진동과 운동을 계속하고 있다. 이 운동에 의해서 모든 물질은 마이크로파라고 하는 전자기파를 복사하고 있다. 물도 얼음도 그리고 인간의 신체도.

에테르의 문제를 생각해 봄으로써 우리는 상대성 이론의 입구까지 왔다. 전기장과 자기장의 성질을 다시 한걸음 깊숙이 탐구함으로써 아인슈타인은 상대성이론을 만들어냈다. 이것은 우리의 흥미를 이끄는 테마이다.

　그러나 이미 지면이 다 되었다. 돌이켜 보면 회로의 수류 모형에서부터 출발하여 우리는 꽤 멀리까지 걸어왔다. 여기서 일단 우리의 탐구 여행을 마치고 새로운 여행으로의 채비를 갖추는 것도 그리 나쁘지는 않을 것이다.

후기

"상대론에 관한 입문서는 많지만, 전자기학 입문서는 거의 없습니다. 한 권만 써 주세요"라며, 편집부의 오에(大千江尋) 씨로부터 부탁을 받았을 때 솔직히 말해서 다소 어리둥절했다. 듣고 보면 과연 그렇다. 그러나 필자에게 그런 역량이 있을까.

그로부터 3년, 공부하고 쓰고, 쓰고 다시 공부하는 날이 계속되었다. 전자기학이 관계하는 분야는 매우 광범위하다. 과학사에 관한 책, 이론서, 교육서, 그리고 공학적인 응용에 관한 책까지 갖가지 책을 섭렵했다. 이리하여 자기 자신의 공부 가운데서 완성된 것이 이 책이다. 그때 자신이 납득한 과정을 주의 깊게 정성 들여 쓰도록 유의했다.

이 책을 쓰는 데 있어서 의식했던 점은 다음과 같다.

1. 주제로서는 원달력과 매달력의 대립을 채택하고, 장의 필연성을 밝힐 것.

이것은 하나의 모험일지 모른다. 이와 같은 입문서를 필자 자신은 본 적이 없다.

'장이라고 하는 것은 현대인에게 있어서는 당연한 존재이기 때문에 지금 새삼스럽게 그런 것을 문제로 삼을 것은 없다'는 의견도 있을 것이다. 그러나 역시 이것에 집착하지 않으면 사실인즉 전자기학은 이해할 수 없는 것이 아닐까. 나는 그렇게 생각한다.

그리고 원달력과 매달력이라고 하는 말에 대해서인데 원격력(遠隔力)과 근접력(近接力)이라고 하는 표현이 더 일반적이라는 것도 알고 있다. 다만 근접력(근접 작용)이라고 하는 말은 본래 'Action Through Medium'이므로 매달력이라고 하는 편이 낫다고 생각했다(역자 주: 우리나라 교과서에는 근접 작용, 원격 작용 등 근접과 원격이라는 용어를 쓰고 있으나, 이 책에서는 저자의 의도를 좇아 원달력, 매달력으로 했다).

2. 보통 전자기학은 정전기에서부터 시작된다. 그러나 이 책에서는 직류 회로에서부터 들어갔다. 그것은 전기장·전위 등의 정의로부터 들어가는 방법은 초보자에게는 매우 이해하기 힘들기 때문이다. 직류 회로에 수류 모형을 사용한 것도 같은 생각에 기인한다.

이들 이외에도 이 책에서는 엄밀한 개념의 정의에서부터 들어가서 기본 법칙을 설명하고, 그 응용 사례를 드는 통상적인 교과서의 순서를 따르지 않은 데가 많이 있다. 이 책과 같은 방법이 물리학의 전문가들로부터 달갑게 여겨지지 않을 것이라는 점은 잘 알고 있다. 하지만 엄밀하고 체계적인 전개는 우리 전문가들에게는 기분이 좋을지 몰라도 넓은 층의 독자에게는 매우 달라붙기 힘든 것이다. 따라서 굳이 변형적인 방법을 택했다.

그렇다고 해서 이 책이 일회용으로 인식의 순서를 무시한 입문서를 겨냥했다는 것은 아니다. 수식은 사용하지 않아도 어디까지나 전자기학의 원리적인 이해를 목표로 삼았다. 이와 같은 시도가 과연 성공했는지 어떤지는 독자 여러분의 판단에 맡길 수밖에 없다.

지은이

전자기학의 ABC
쉬운 회로에서부터 "장"의 사고방식까지

초판 1쇄 1988년 09월 30일
개정 1쇄 2019년 02월 20일

지은이 후쿠시마 하지메
옮긴이 손영수
펴낸이 손영일
펴낸곳 전파과학사
주소 서울시 서대문구 증가로 18, 204호
등록 1956. 7. 23. 등록 제10-89호
전화 (02)333-8877(8855)
FAX (02)334-8092
홈페이지 www.s-wave.co.kr
E-mail chonpa2@hanmail.net
공식블로그 http://blog.naver.com/siencia

ISBN 978-89-7044-863-3 (03560)

도서목록

현대과학신서

도서목록
BLUE BACKS